# BESSER IN MATHEMATIK

TRIGONOMETRIE 10. SCHULJAHR

von Werner Friedrich,
Ludger Klar
und Michael Rüve

D1725251

**Cornelsen**
SCRIPTOR

Die Deutsche Bibliothek – CIP-Einheitsaufnahme

**Besser in Mathematik.** – Frankfurt am Main: Cornelsen Scriptor.
  (Lernhilfen von Cornelsen Scriptor)
Trigonometrie: 10. Schuljahr/Werner Friedrich; Ludger Klar;
  Michael Rüve. – 1993
  ISBN 3-589-20929-1

5    4    3    2    1       Die letzen Ziffern bezeichnen
97   96   95   94   93      Zahl und Jahr des Drucks.

© 1993 Cornelsen Verlag Scriptor GmbH & Co., Frankfurt am Main
Das Werk und seine Teile sind urheberrechtlich geschützt. Jede Verwertung in anderen als den
gesetzlich zugelassenen Fällen bedarf der vorherigen schriftlichen Einwilligung des Verlags.
Redaktion: Maria Bley, München
Herstellung: Julia Walch, Bad Soden
Umschlaggestaltung: Studio Lochmann, Frankfurt am Main
Illustrationen: Klaus Puth, Mühlheim-Dietesheim
Satz: Universitätsdruckerei H. Stürtz AG, Würzburg
Druck und Bindearbeiten: Druckerei Gutmann GmbH, Heilbronn
Vertrieb: Cornelsen Verlag, Berlin
Printed in Germany
ISBN 3-589-20929-1
Bestellnummer 209291

# Inhalt

# Wie du mit diesem Buch lernen solltest

Dieses Buch zeigt dir, daß du kein mathematisches Genie sein mußt, um in der Trigonometrie erfolgreich zu sein.

Ziel der einzelnen Kapitel ist es, dir systematisch aufgebaute Lösungswege anzubieten, die du dir leicht merken kannst. Um beim Berechnen von Dreiecken wirklich sicher zu werden, ist es allerdings erforderlich, daß du konsequent mit diesem Buch arbeitest. Nimm dir dabei nicht zu viel auf einmal vor — wichtiger ist, daß du kontinuierlich arbeitest.

In den einzelnen Kapiteln findest du zunächst Einführungsbeispiele. Darin werden die einzelnen Lösungsschritte ausführlich erläutert. Nimm dir Zeit und vollziehe diese Beispiele in Ruhe nach. Anschließende Beispiele sind dann knapper erläutert. Sie sollen als Muster für deine selbständigen Übungen dienen.

Einen Teil der Übungen kannst du direkt im Buch bearbeiten, für die anderen solltest du dir ein eigenes Heft zulegen. Zu allen Übungsaufgaben findest du ausführliche Lösungen im Lösungsheft. Du solltest das Lösungsheft aber natürlich erst heranziehen, wenn du eine Aufgabe selbständig gelöst hast.

Neben den Übungen kannst du auch die Beispiele, nachdem du sie durchgearbeitet hast, noch einmal selbständig lösen, ohne das Buch zu Rate zu ziehen.

In diesem Buch findest du außerdem fünf Tests. Sie geben dir Gelegenheit zu überprüfen, ob du mit deinen Lernfortschritten zufrieden sein kannst.

Wir wünschen dir nun viel Erfolg bei der Bearbeitung dieses Buches.

*Die Autoren*

# Grundwissen

Hier sind zunächst einige Vereinbarungen und Grundbegriffe zusammengestellt, die Voraussetzung für das Verständnis dieses Buches sind.

## ● Vereinbarungen zur besseren Orientierung

Punkte (z. B. Eckpunkte von Dreiecken) werden mit großen lateinischen Buchstaben bezeichnet: A, B, C, ... P, Q, R ...

Streckenlängen werden mit kleinen lateinischen Buchstaben oder durch ihre Endpunkte bezeichnet: a, b, c, ... oder $\overline{AB}$, $\overline{BC}$, $\overline{PQ}$, ...

Winkelgrößen werden mit kleinen griechischen Buchstaben bezeichnet:

| α | β | γ | δ | ε | ζ | η | μ | φ |
|---|---|---|---|---|---|---|---|---|
| Alpha | Beta | Gamma | Delta | Epsilon | Zeta | Eta | My | Phi |

## ● Der Innenwinkelsatz

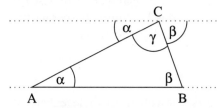

In *jedem* Dreieck gilt:
Die Summe der Innenwinkel beträgt 180°, d. h.
$$\alpha + \beta + \gamma = 180°$$

Der Innenwinkelsatz wird in dieser Lernhilfe sehr häufig benutzt, um aus zwei bekannten Winkeln eines Dreiecks den dritten Winkel zu berechnen.

## ● Der Satz des Pythagoras

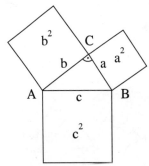

Im *rechtwinkligen* Dreieck gilt:
Die Summe der Kathetenquadrate ist gleich dem Hypotenusenquadrat, d. h.
γ rechter Winkel: $a^2 + b^2 = c^2$
β rechter Winkel: $a^2 + c^2 = b^2$
α rechter Winkel: $b^2 + c^2 = a^2$

Auch der Satz des Pythagoras wird in diesem Buch häufig benutzt, um aus zwei bekannten Seiten eines *rechtwinkligen* Dreiecks die dritte Seite zu berechnen.

● **Das gleichschenklige Dreieck**

Ein Dreieck ABC heißt genau dann gleichschenklig, wenn zwei Seiten gleich lang sind. Die beiden gleich langen Seiten heißen dann Schenkel, die dritte Seite Basis.

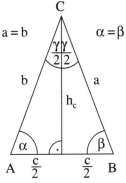

Im *gleichschenkligen* Dreieck gilt:
1. Die Basiswinkel sind gleich groß.
2. Die Basishöhe halbiert die Basis und den Winkel, der der Basis gegenüberliegt.

● **Das gleichseitige Dreieck**

Ein Dreieck ABC heißt genau dann gleichseitig, wenn alle drei Seiten gleich lang sind.

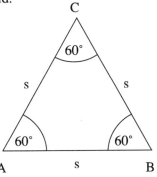

Im *gleichseitigen* Dreieck gilt:
1. Jeder Innenwinkel beträgt 60°.
2. Jede Dreieckshöhe halbiert die zugehörige Grundseite und den der Grundseite gegenüberliegenden Winkel.

● **Die Lösungen der Gleichung $x^2 = a$**

Die Gleichung $x^2 = a$ hat für positives a (a > 0) die beiden Lösungen $x_1 = \sqrt{a}$ und $x_2 = -\sqrt{a}$. Bei der Berechnung von Streckenlängen entfällt die negative Lösung.

● **Zweiter Strahlensatz**

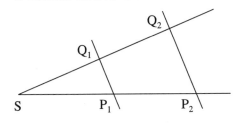

Wird ein Zweistrahl von Parallelen geschnitten, so verhalten sich die Scheitelabschnitte auf einem Strahl zueinander wie die entsprechenden Parallelenabschnitte:

$$\frac{\overline{SP_1}}{\overline{SP_2}} = \frac{\overline{P_1Q_1}}{\overline{P_2Q_2}} \quad \text{und} \quad \frac{\overline{SQ_1}}{\overline{SQ_2}} = \frac{\overline{P_1Q_1}}{\overline{P_2Q_2}}$$

# 1 Sinus im rechtwinkligen Dreieck

Bisher hast du in Dreiecken mit dem Innenwinkelsatz
- aus zwei gegebenen Winkeln
  den unbekannten dritten Winkel berechnet.

In rechtwinkligen Dreiecken hast du mit dem Satz des Pythagoras
- aus zwei gegebenen Seiten
  die unbekannte dritte Seite berechnet.

Du hast also
- aus Winkeln wieder einen Winkel
- und aus Seiten wieder eine Seite berechnet.

In den ersten drei Kapiteln wirst du lernen, in rechtwinkligen Dreiecken
- mit Winkeln auch Seiten zu berechnen.

## 1.1 Bezeichnung der Seiten im rechtwinkligen Dreieck

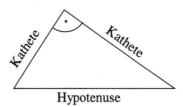

Wie du weißt, liegt im rechtwinkligen Dreieck die **Hypotenuse** dem rechten Winkel gegenüber. Die beiden Seiten des rechten Winkels (Schenkel des rechten Winkels) heißen **Katheten**.

Wählst du einen der beiden nicht rechten Winkel aus, so kannst du, bezogen auf diesen Winkel, die beiden Katheten unterscheiden.

Die Kathete, die dem ausgewählten Winkel *gegen*überliegt, heißt *Gegen*kathete dieses Winkels.

Die Kathete, die dem ausgewählten Winkel *an*liegt, heißt *An*kathete dieses Winkels; sie ist zugleich Schenkel des Winkels.

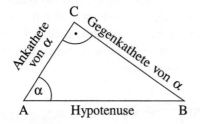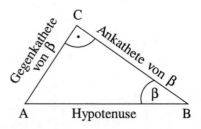

**Beispiel:** Bezeichnung der Seiten im rechtwinkligen Dreieck

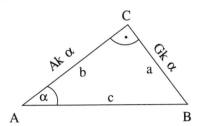 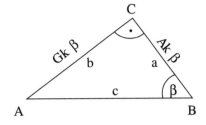

c ist Hypotenuse, abgekürzt: Hyp.
Bezogen auf $\alpha$ gilt:
a is Gegenkathete von $\alpha$, kurz: Gk $\alpha$.
b ist Ankathete von $\alpha$, kurz: Ak $\alpha$.

c ist Hypotenuse, abgekürzt: Hyp.
Bezogen auf $\beta$ gilt:
a ist Ankathete von $\beta$, kurz: Ak $\beta$.
b ist Gegenkathete von $\beta$, kurz: Gk $\beta$.

**Übung 1**

Ergänze.

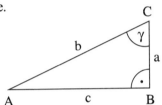

_____ ist rechter Winkel.

_____ ist Hypotenuse.

_____ ist Gegenkathete von $\gamma$.

_____ ist Ankathete von $\gamma$.

## 1.2 Definition des Sinus im rechtwinkligen Dreieck

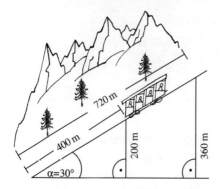

Eine Zahnradbahn fährt mit einem Steigungswinkel von $\alpha = 30°$. Nach einer Fahrstrecke von 400 m hat sie die erste Station in einer Höhe von 200 m erreicht; nach 720 m Fahrstrecke hat sie die zweite Station in einer Höhe von 360 m erreicht.

Du siehst: In beiden Fällen entspricht die erreichte Höhe genau der Hälfte der zurückgelegten Fahrstrecke. Dies liegt am gleichbleibenden Steigungswinkel $\alpha$. Bei gleichbleibendem Steigungswinkel $\alpha = 30°$ hat der Quotient $\frac{\text{Höhe}}{\text{Fahrstrecke}}$ immer den Wert $\frac{1}{2}$.
(Dies kann man mit Hilfe des zweiten Strahlensatzes beweisen.)

Du hast es hier mit rechtwinkligen Dreiecken zu tun, die im Winkel $\alpha$ übereinstimmen. Bezogen auf diesen Winkel $\alpha$ ist die erreichte Höhe die Gegenkathete von $\alpha$ und die zurückgelegte Fahrstrecke die Hypotenuse.

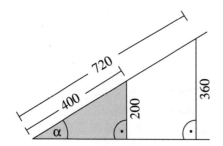

Wie du gesehen hast, gilt für $\alpha = 30°$:

$$\frac{\text{Gegenkathete von } \alpha}{\text{Hypotenuse}} = \frac{\text{Gk}\,\alpha}{\text{Hyp}} = \frac{1}{2},$$

denn $\quad \frac{200}{400} = \frac{1}{2} \quad$ und $\quad \frac{360}{720} = \frac{1}{2}.$

Hat $\alpha$ einen anderen Wert, z. B. 60°, so hat der Quotient $\frac{\text{Gk}\,\alpha}{\text{Hyp}}$ wieder einen festen (konstanten) Wert.
In einem rechtwinkligen Dreieck gehört also zu jedem Winkel $\alpha$ ein konstanter Quotient $\frac{\text{Gk}\,\alpha}{\text{Hyp}}$; er heißt **Sinus** $\alpha$, kurz: sin $\alpha$.

$$\sin \alpha = \frac{\text{Gegenkathete von } \alpha}{\text{Hypotenuse}} = \frac{\text{Gk}\,\alpha}{\text{Hyp}}$$

## 1.3 Spezielle Sinuswerte

Für die Winkel $\alpha = 30°$, $45°$ und $60°$ kannst du den jeweiligen Sinuswert, also den Quotienten aus der Gegenkathete von $\alpha$ und der Hypotenuse, ohne großen Aufwand genau berechnen.

### ● Berechnung von sin 45°

In einem gleichschenklig-rechtwinkligen Dreieck (z. B. deinem Geodreieck) haben die beiden Basiswinkel 45°. Mit Hilfe eines solchen Dreiecks kannst du sin 45° folgendermaßen berechnen:

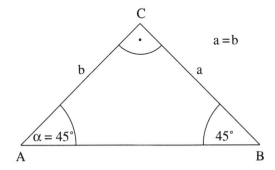

In diesem Dreieck ist $\gamma$ der rechte Winkel (c also Hyp), und a ist die Gegenkathete von $\alpha$.

Du weißt:

$$\sin 45° = \sin \alpha = \frac{\mathrm{Gk}\,\alpha}{\mathrm{Hyp}} = \frac{a}{c}$$

Die Länge von c läßt sich mit dem Satz des Pythagoras berechnen:

$$c^2 = a^2 + b^2 \quad \text{(Pythagoras)}$$
$$c^2 = a^2 + a^2 \quad \text{(b = a)}$$
$$c^2 = 2a^2$$
$$c = \sqrt{2a^2} = a\sqrt{2}$$

Also:

$$\sin 45° = \frac{a}{a\sqrt{2}} = \frac{1}{\sqrt{2}} = \frac{1 \cdot \sqrt{2}}{\sqrt{2}\sqrt{2}} = \frac{\sqrt{2}}{2} = \frac{1}{2}\sqrt{2} = 0{,}7071067\ldots$$

## ● Berechnung von sin 60°

In einem gleichseitigen Dreieck ist jeder Winkel 60° groß. Die Höhe $h_c$ halbiert den Winkel $\gamma$ und die Grundseite; sie zerlegt das Dreieck ABC in zwei rechtwinklige Teildreiecke.

Mit Hilfe des Teildreiecks ADC kannst du nun sin 60° berechnen:

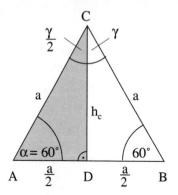

Hier liegt der rechte Winkel bei D (a ist also Hyp), und $h_c$ ist die Gegenkathete von $\alpha$.

Du weißt:

$$\sin 60° = \sin \alpha = \frac{\text{Gk } \alpha}{\text{Hyp}} = \frac{h_c}{a}$$

Berechnung von $h_c$:

$$h_c^2 + \left(\frac{a}{2}\right)^2 = a^2 \quad \text{(Pythagoras)}$$

$$h_c^2 = a^2 - \frac{a^2}{4}$$

$$h_c^2 = \frac{4a^2}{4} - \frac{a^2}{4} = \frac{3a^2}{4}$$

$$h_c = \sqrt{\frac{3a^2}{4}} = \frac{a}{2}\sqrt{3}$$

Also:

$$\sin 60° = \frac{\frac{a}{2}\sqrt{3}}{a} = \frac{1}{2}\sqrt{3} = 0{,}8660254\ldots$$

Den sin-Wert von 30° sollst du nun selbst berechnen.

### Übung 2

Berechne sin 30°. Benutze dazu das Teildreieck ADC, das wir für sin 60° verwendet haben. 30° hat hier der Winkel $\frac{\gamma}{2}$.

Überlege zuerst, welche Seite im Dreieck ADC die Hypotenuse ist, und welche die Gegenkathete von $\frac{\gamma}{2}$.

## 1.4 Veranschaulichung der Sinuswerte am Einheitskreis

Sinuswerte sind definiert als Brüche, in deren Nenner die Hypotenuse steht.
Legst du ein Dreieck zugrunde, dessen Hypotenuse die Länge 1 LE (eine Längeneinheit) hat, so gilt in diesem Dreieck:

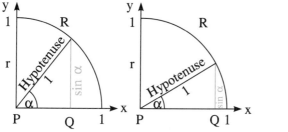

$$\sin \alpha = \frac{Gk\,\alpha}{Hyp}$$

$$\sin \alpha = \frac{Gk\,\alpha}{1}$$

$$\sin \alpha = Gk\,\alpha$$

Das Dreieck liegt so im x-y-Koordinatensystem, daß
— die Ankathete von α auf der x-Achse und
— der Scheitelpunkt von α im Ursprung liegt.

In der Zeichnung unten hat die Hypotenuse die Länge 1 dm. Miß die Länge der
Strecke $\overline{QR}$ in dm. Die Maßzahl der Länge (d.h. Länge ohne Benennung der
Längeneinheit) ist sin α.

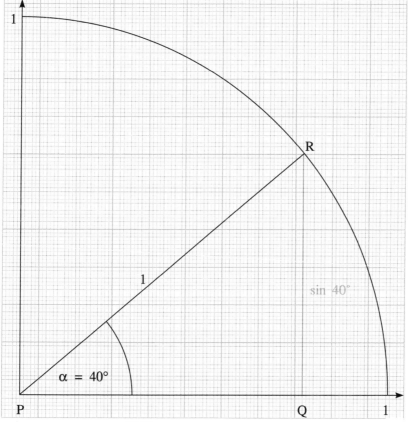

Die Messung ergibt: $\overline{QR} \approx 6{,}4$ cm $= 0{,}64$ dm.    Also gilt: $\sin 40° \approx 0{,}64$.

## Übung 3

Trage die gegebenen Winkel in die Zeichnung auf der vorigen Seite ein, miß die entsprechenden Strecken und ermittle so einen Näherungswert für sin α.

| α | 10° | 30° | 40° | 50° | 70° |
|---|---|---|---|---|---|
| sin α | | | 0,64 | | |

Wenn du dir die Ergebnisse noch einmal in einer Skizze verdeutlichst, erkennst du:

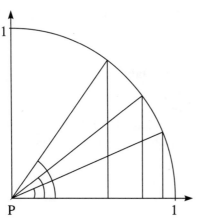

— Wird α *größer*, so wird auch *sin α größer*.

— sin α liegt zwischen 0 und 1, d. h. $0 \leq \sin α \leq 1$.

## 1.5 Ermittlung von Sinuswerten mit dem Taschenrechner

Für spezielle Winkel hast du die Sinuswerte bereits berechnet. Für diese, aber auch für alle anderen Winkel sind die Sinuswerte in deinem Taschenrechner gespeichert. Beachte dabei folgendes:

Wie du Entfernungen in unterschiedlichen Längeneinheiten angeben kannst, z.B. in Kilometern, Metern oder auch Meilen, so können auch Winkel in unterschiedlichen Maßeinheiten angegeben werden.

Bei der Berechnung von Winkeln benutzt man in der Mathematik die Maßeinheit Grad, die dir bekannt ist und durch das hochgestellte Gradzeichen ° abgekürzt wird. Da dein Taschenrechner aber auch in anderen Maßeinheiten rechnen kann, mußt du ihn auf die Maßeinheit Grad einstellen. (Wie das gemacht wird, kannst du in der Bedienungsanleitung nachlesen.)

Da das englische Wort für Grad „degree" ist und bei den meisten Taschenrechnern mit „DEG" abgekürzt wird, muß dein Taschenrechner „DEG" anzeigen. Viele Taschenrechner stellen sich beim Einschalten automatisch auf „DEG" ein (vgl. Bedienungsanleitung).

Willst du nun den Sinuswert eines Winkels aus deinem Taschenrechner abrufen, so mußt du *zuerst die Gradzahl eingeben und erst dann auf die Sinustaste drücken*.

> So rufst du sin 30° ab:
> 1. Taschenrechner auf DEG einstellen.
> 2. Eingabe der Tastenfolge: 30 $\boxed{\sin}$.
> 3. Als Ergebnis erscheint: 0,5.
> Also gilt: sin 30° = 0,5.

Im allgemeinen ist der Sinuswert eines Winkels eine unendliche Dezimalzahl, d.h. eine Dezimalzahl mit unendlich vielen Stellen hinter dem Komma. Der Taschenrechner liefert lediglich einen Näherungswert, da er nur eine begrenzte Anzahl von Stellen anzeigen kann. Die Anzahl der angezeigten Stellen kann je nach Taschenrechnerfabrikat unterschiedlich sein.

**Beispiel:** Mit dem Taschenrechner ermittelte Sinuswerte
**a)** sin 23,5° = 0,3987490…
**b)** sin 0,1° = 0,001745328…

*Im Taschenrechner DEG, sonst tut das Ergebnis weh!*

**Übung 4**
Ermittle mit deinen Taschenrechner.

**a)** sin 17,7°   = _____

**b)** sin 23,765° = _____

**c)** sin 0,45°   = _____

**d)** sin 89°     = _____

## 1.6 Berechnung einer Seite mit Hilfe des Sinus

Mit Hilfe der Sinuswerte von Winkeln wirst du nun in einem rechtwinkligen Dreieck Seiten berechnen.

Wie du dabei vorgehst, zeigt dir das folgende Einführungsbeispiel.

**Beispiel:** Berechnung der Gegenkathete mit Hilfe des Sinus

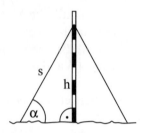

Die Halteseile eines Sendemastes bilden mit dem Erdboden einen Winkel von 54°.
In welcher Höhe kann ein 30 m langes Halteseil befestigt werden?

Gegebene
Situation:    Das Halteseil und der Mast bilden mit dem Erdboden ein rechtwinkliges Dreieck. Das Halteseil s ist die Hypotenuse

Berechnung:  Die Befestigungshöhe h soll berechnet werden.
h ist die Gegenkathete des Winkels $\alpha = 45°$.
Daraus ergibt sich der Ansatz:

$$\sin \alpha = \frac{Gk\, \alpha}{Hyp} = \frac{h}{s}$$

Nun setzt man die bekannten Größen in die Gleichung ein. Da h gesucht ist, ist die Gleichung nach h hin aufzulösen.

$$\sin 54° = \frac{h}{30} \quad | \cdot 30$$
$$30 \cdot \sin 54° = h$$
$$h = 24,2705\ldots$$

Meterangaben rundet man normalerweise auf Zentimeter, d.h. auf die zweite Stelle hinter dem Komma.
Also:        $h = 24,27$.

Antwort:    Der Befestigungspunkt eines 30 m langen Halteseils kann in einer Höhe von 24,27 m liegen.

*Anmerkung:*  Die Tastenfolge zur Berechnung von $30 \cdot \sin 54°$ ist:

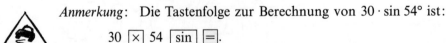

30 ☒ 54 ☐sin ☐=.

Die Taste ☐= mußt du drücken, weil sonst in der Anzeige nur der Wert von sin 54° steht. Erst durch das Drücken der Taste ☐= wird die Multiplikation mit 30 ausgeführt und angezeigt.

**16**

**Beispiel:** Berechnung der Gegenkathete mit Hilfe des Sinus
In welcher Höhe kann ein 30 m langes Halteseil befestigt werden, wenn es mit dem Erdboden einen Winkel von 44° bildet?

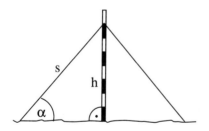

Gegeben: $\alpha = 44°$,
Halteseil s = 30 m.
Gesucht: Befestigungshöhe h.

Situation:     s ist Hyp.

Berechnung: h ist Gk $\alpha$.

$$\sin \alpha = \frac{\text{Gk } \alpha}{\text{Hyp}} = \frac{h}{s}$$

$$\sin 44° = \frac{h}{30} \quad | \cdot 30$$

$$30 \cdot \sin 44° = h$$

$$h = 28{,}84 \quad \text{(gerundet)}$$

Antwort:     Der Befestigungspunkt eines 30 m langen Halteseils kann in einer Höhe von 28,84 m liegen.

### Übung 5

In welcher Höhe kann ein 50 m langes Halteseil befestigt werden, wenn es mit dem Erdboden einen Winkel von 63° bildet? Runde sinnvoll.
Fertige eine Skizze an, wähle passende Bezeichnungen und überlege, was gegeben und was gesucht ist.

Skizze:

Gegeben:

Gesucht:

Situation:

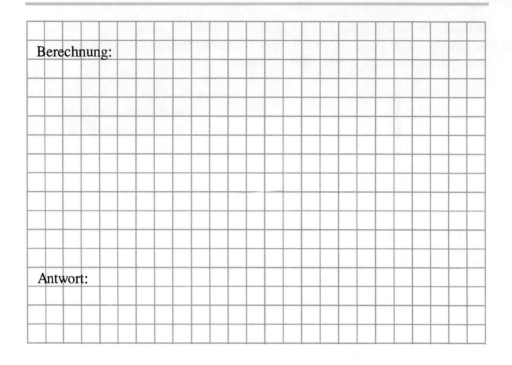

Berechnung:




Antwort:

Bisher hast du in einem rechtwinkligen Dreieck mit Hilfe des Sinus aus einem Winkel und der Hypotenuse die Gegenkathete berechnet.

$$\begin{array}{l} \text{Winkel} \\ \text{Hypotenuse} \end{array} \xrightarrow{\quad \sin \quad} \text{Gegenkathete}$$

Nun wirst du mit Hilfe des Sinus aus einem Winkel und seiner Gegenkathete die Hypotenuse berechnen.

$$\begin{array}{l} \text{Winkel} \\ \text{Gegenkathete} \end{array} \xrightarrow{\quad \sin \quad} \text{Hypotenuse}$$

**Beispiel:** Berechnung der Hypotenuse mit Hilfe des Sinus
Eine Leiter soll an einer Hauswand 5 m hoch reichen. Wie lang muß sie mindestens sein, wenn sie in einem Winkel von 70° angestellt wird?

Gegeben: $\alpha = 70°$, Höhe $h = 5$ m.
Gesucht: Leiterlänge l.

Situation:   h ist Gk α

Berechnung: l ist Hyp

$$\sin \alpha = \frac{Gk\,\alpha}{Hyp} = \frac{h}{l}$$

Diese Gleichung muß nach l hin aufgelöst werden.

$$\sin 70° = \frac{5}{l} \quad | \cdot l$$

$$l \cdot \sin 70° = 5 \quad | : \sin 70°$$

$$l = \frac{5}{\sin 70°} = 5,32 \quad \text{(gerundet)}$$

Antwort:   Die Leiter muß mindestens eine Länge von 5,32 m haben, um 5 m hoch zu reichen.

**Übung 6**

Eine Straße hat einen Steigungswinkel von 5°. Sie überwindet einen Höhenunterschied von 23 m.
Wie lang ist die Straße?

Trage zuerst die passenden Bezeichnungen in die Skizze ein. Überlege, was gegeben und was gesucht ist, beschreibe die Situation und rechne erst dann. Runde sinnvoll und vergiß die Antwort nicht.

Wenn du als nächstes den Kosinus bearbeiten willst, dann kannst du das folgende Kapitel erst einmal überschlagen.

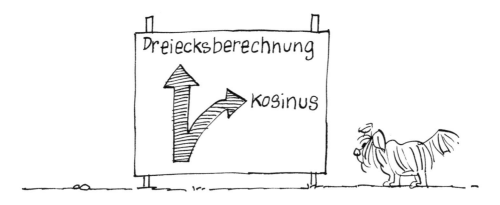

## 1.7 Berechnung von Seiten und Winkeln mit Hilfe des Sinus

Im vorigen Kapitel hast du in einem rechtwinkligen Dreieck mit Hilfe des Sinus eine unbekannte Seite berechnet.

Hier geht es nun darum, mit Hilfe des Sinus auch die zweite unbekannte Seite zu berechnen. Dazu benötigst du auch die Größe des dritten Winkels, die sich leicht errechnen läßt.

Für dieses Kapitel wirst du etwas mehr Zeit benötigen. Am besten teilst du es dir in einzelne Übungsabschnitte ein.

Unsere „Standardsituation" ist zunächst:
$\gamma$ ist rechter Winkel (c also Hypotenuse), a und b sind die Katheten.
Gegeben sind also: der rechte Winkel, ein weiterer Winkel und eine Seite.
Diese Seite kann nun folgendes sein:

**Gegenkathete** des Winkels, **Ankathete** des Winkels     oder **Hypotenuse**.

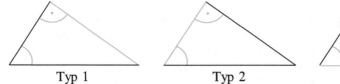
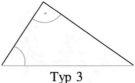

Typ 1                    Typ 2                    Typ 3

Im folgenden wird für jeden Aufgabentyp eine Beispiellösung angegeben. Du wirst dann erkennen, daß alle Aufgaben eines Typs jeweils nach dem gleichen Schema gelöst werden können.

### Übung 7
Bestimmte anhand der gegebenen Größen jeweils den Aufgabentyp.

**a)** $\gamma = 90°$     $\alpha = 40°$     $b = 5\,\text{cm}$     _____

**b)** $\gamma = 90°$     $\beta = 20°$     $c = 8\,\text{cm}$     _____

**c)** $\gamma = 90°$     $\beta = 60°$     $a = 4\,\text{cm}$     _____

**d)** $\gamma = 90°$     $\alpha = 50°$     $a = 7\,\text{cm}$     _____

**Beispiel:** Typ 1

Hier sind in einem Dreieck außer dem rechten Winkel *ein weiterer Winkel* und seine *Gegenkathete* gegeben.

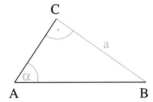

Im Dreieck ABC sind gegeben:
$\gamma = 90°$,
$\alpha = 50°$,
$a = 5\,cm$.
Gesucht: c, $\beta$ und b.

Situation: $\gamma$ ist der rechte Winkel (c ist also Hyp), a ist Gk $\alpha$.

1. Berechnung des Winkels $\beta$ mit dem *Innenwinkelsatz*:
   Den Winkel $\beta$ kannst du leicht mit dem Innenwinkelsatz berechnen.
   Es gilt:     $\alpha + \beta + \gamma = 180°$
   Aus der Aufgabenstellung weißt du: $\alpha = 50°$ und $\gamma = 90°$.
   Dies setzt du in die Gleichung ein und erhältst:

$$50° + \beta + 90° = 180°$$
$$\beta + 140° = 180° \quad | -140°$$
$$\beta = 180° - 140° = 40°$$

Der Winkel $\beta$ beträgt 40°.

*Anmerkung:* Wenn zwei Winkel gegeben sind, kannst du den fehlenden dritten Winkel immer berechnen. Dies ist der einfachste Teil der Rechnung, führe ihn daher stets als ersten Schritt aus.

Erst den Winkel, dann die Seiten, so gibt's keine Schwierigkeiten!

2. Berechnung der Hypotenuse c mit *sin α*:
   Da die gegebene Seite a die Gegenkathete des gegebenen Winkels $\alpha$ ist, kannst du — wie bisher — mit Hilfe von sin $\alpha$ die Hypotenuse c berechnen.

Es gilt:     $$\sin \alpha = \frac{Gk\ \alpha}{Hyp} = \frac{a}{c}$$

$$\sin 50° = \frac{5}{c} \quad | \cdot c$$
$$c \cdot \sin 50° = 5 \quad | : \sin 50°$$
$$c = \frac{5}{\sin 50°} = 6{,}53 \quad \text{(gerundet)}$$

Die Seite c ist 6,53 cm lang.

*Anmerkung:* Es ist günstiger, erst ganz am Schluß der Rechnung das Ergebnis mit dem Taschenrechner zu ermitteln.
Umständlicher ist es, für sin 50° sofort 0,766044443... einzusetzen; auch die Gefahr von Übertragungsfehlern ist dann größer. Benutzt man aber schon früh gerundete Werte, so vergrößert sich der Rundungsfehler im Ergebnis.

**3.** Berechnung der Kathete b (Ak α bzw. Gk β):
Zur Berechnung der noch unbekannten Seite b gibt es zwei Wege:

**a)** Berechnung mit Hilfe des Satzes von *Pythagoras*:
In diesem Dreieck sind a und b die Katheten, c ist die Hypotenuse.
Also gilt: $a^2 + b^2 = c^2$
Aus der Aufgabenstellung weißt du: a = 5 cm.
Bereits berechnet hast du: c = 6,53 cm.
Dies setzt du in die Gleichung ein und erhältst:

$$5^2 + b^2 = 6,53^2 \quad | -5^2$$
$$b^2 = 6,53^2 - 5^2$$
$$b = \pm \sqrt{6,53^2 - 5^2} = \pm 4,20 \quad \text{(gerundet)}$$

Als Streckenlänge kann b nicht negativ sein.
Die Seite b ist 4,20 cm lang.

*Anmerkung:* Auch hier ist es günstiger, den Ausdruck für b erst am Ende mit dem Taschenrechner zu ermitteln.
Tastenfolge zur Berechnung von $\sqrt{6,53^2 - 5^2}$:

$$6,53 \;\boxed{x^2}\; \boxed{-}\; 5 \;\boxed{x^2}\; \boxed{=}\; \boxed{\sqrt{}}$$
oder $\;\boxed{(}\; 6,53 \;\boxed{x^2}\; \boxed{-}\; 5 \;\boxed{x^2}\; \boxed{)}\; \boxed{\sqrt{}}$

Die Taste $\boxed{=}$ mußt du drücken, weil sonst die Wurzel nur aus $5^2 = 25$ gezogen würde. Erst durch das Drücken der Taste $\boxed{=}$ wird der Wert unter der Wurzel vollständig berechnet. Das Setzen von Klammern bewirkt dasselbe.

**b)** Berechnung mit Hilfe von *sin β*:
Bereits berechnet hast du: Hypotenuse c = 6,53 cm und β = 40°.
Da die gesuchte Seite b die Gegenkathete des berechneten Winkels β ist, kannst du − wie bisher − mit Hilfe von sin β die Seite b berechnen.

Es gilt: $\quad \sin \beta = \dfrac{\text{Gk } \beta}{\text{Hyp}} = \dfrac{b}{c}$

$$\sin 40° = \frac{b}{6,53} \quad | \cdot 6,53$$
$$6,53 \cdot \sin 40° = b$$
$$b = 4,20 \quad \text{(gerundet)}$$

Die Seite b ist 4,20 cm lang.

Diesem Aufgabentyp liegt folgender Lösungsweg zugrunde:

**Typ 1**

Gegeben: rechter Winkel, **weiterer Winkel** und seine **Gegenkathete**

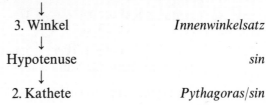

| | |
|---|---|
| 3. Winkel | *Innenwinkelsatz* |
| ↓ | |
| Hypotenuse | *sin* |
| ↓ | |
| 2. Kathete | *Pythagoras/sin* |

**Beispiel:** Typ 2
In diesem Beispiel sind in einem rechtwinkligen Dreieck ein weiterer Winkel und seine Ankathete gegeben.

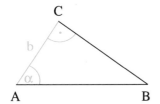

Im Dreieck ABC sind gegeben:
$\gamma = 90°$,
$\alpha = 60°$,
$b = 5{,}3$ cm.
Gesucht: $\beta$, c und a.

Situation: $\gamma$ ist rechter Winkel (c ist Hyp), b ist Ak $\alpha$.

*Anmerkung:* $\alpha$ ist gegeben. Der Ansatz $\alpha = \frac{\text{Gk } \alpha}{\text{Hyp}} = \frac{a}{c}$ führt nicht weiter, da weder a noch c bekannt sind. Hier zeigt sich, daß es sinnvoll ist, grundsätzlich zuerst den fehlenden dritten Winkel zu berechnen.
Da die gegebene Seite b die Gegenkathete von $\beta$ ist, kannst du dann über den Ansatz $\sin \beta = \frac{\text{Gk } \beta}{\text{Hyp}} = \frac{b}{c}$ die Hypotenuse c berechnen.

**1.** Berechnung des Winkels $\beta$ mit dem *Innenwinkelsatz*:

$$\alpha + \beta + \gamma = 180°$$
$$60° + \beta + 90° = 180°$$
$$\beta = 30°$$

Der Winkel $\beta$ beträgt 30°.

**2.** Berechnung der Hypotenuse c mit Hilfe von *sin $\beta$*:

$$\sin \beta = \frac{\text{Gk } \beta}{\text{Hyp}} = \frac{b}{c}$$

$$\sin 30° = \frac{5{,}3}{c} \quad | \cdot c$$

$$c \cdot \sin 30° = 5{,}3 \quad | : \sin 30°$$

$$c = \frac{5{,}3}{\sin 30°} = 10{,}6$$

Die Seite c ist 10,6 cm lang.

**3.** Berechnung der Kathete a (Gk α):

**a)** mit Hilfe des Satzes von *Pythagoras*:
In diesem Dreieck sind a und b die Katheten, c ist die Hypotenuse.

$$a^2 + b^2 = c^2$$
$$a^2 + 5{,}3^2 = 10{,}6^2 \quad | - 5{,}3^2$$
$$a^2 = 10{,}6^2 - 5{,}3^2$$
$$a = \pm \sqrt{10{,}6^2 - 5{,}3^2} = \pm 9{,}18 \quad \text{(gerundet)}$$

Als Streckenlänge kann a nicht negativ sein.

Die Seite a ist 9,18 cm lang.

**b)** mit Hilfe von *sin α*:

$$\sin \alpha = \frac{\text{Gk } \alpha}{\text{Hyp}} = \frac{a}{c}$$

$$\sin 60° = \frac{a}{10{,}6} \quad | \cdot 10{,}6$$
$$10{,}6 \cdot \sin 60° = a$$
$$a = 9{,}18 \quad \text{(gerundet)}$$

Die Seite a ist 9,18 cm lang.

Diesem Aufgabentyp liegt folgender Lösungsweg zugrunde:

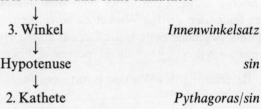

**Typ 2**

Gegeben: rechter Winkel, **weiterer Winkel** und seine **Ankathete**
↓
3. Winkel                                    *Innenwinkelsatz*
↓
Hypotenuse                                        *sin*
↓
2. Kathete                              *Pythagoras/sin*

Bei der folgenden Übung sind in einem rechtwinkligen Dreieck *ein weiterer Winkel* und die *Hypotenuse* gegeben (Typ 3). Mit dem, was du bereits gelernt hast, wird es dir gewiß nicht schwerfallen, die drei fehlenden Größen zu berechnen. Es gibt beim dritten Schritt wieder zwei Lösungswege.

**Übung 8:** Typ 3

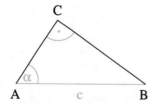

Im Dreieck ABC sind gegeben:
$\gamma = 90°$,
$\alpha = 35°$,
$c = 7$ cm.
Gesucht: β, a und b.

Situation: _____ ist der rechte Winkel, c ist _____.

**1.** Berechnung des Winkels β mit Hilfe _____.

**2.** Berechnung der Kathete b(_____) mit Hilfe _____.

**3.** Berechnung der Kathete a (_____) mit Hilfe _____.

Diesem Aufgabentyp liegt folgender Lösungsweg zugrunde:

**Typ 3**

Gegeben: rechter Winkel, **weiterer Winkel** und **Hypotenuse**

↓

3. Winkel                                    *Innenwinkelsatz*

↓

1. Kathete                                                   *sin*

↓

2. Kathete                              *Pythagoras/sin*

Zusammenfassend kann für alle Aufgabentypen festgestellt werden:

Sind in einem rechtwinkligen Dreieck außer dem rechten Winkel ein weiterer Winkel und eine Seite gegeben, dann kannst du mit Hilfe des Innenwinkelsatzes, des Sinus und des Satzes von Pythagoras alle fehlenden Seiten und Winkel berechnen.

Im folgenden wechselt nun die Lage des rechten Winkels, d.h. α kann der rechte Winkel sein, aber auch β.
Da in der nächsten Übung der rechte Winkel, ein weiterer Winkel und seine Ankathete gegeben sind, entspricht der Lösungsweg dem Beispiel für Typ 2.

**Übung 9**

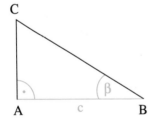

Im Dreieck ABC sind gegeben:
α = 90°,
β = 70°,
c = 9 cm.
Gesucht: γ, a und b.

Situation: α ist der rechte Winkel (a ist Hyp), c ist Ak β. (Typ 2)

**1.** Berechnung des Winkels γ mit dem *Innenwinkelsatz*:

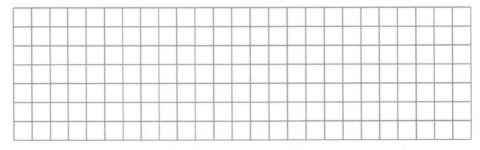

**2.** Berechnung der Hypotenuse a mit Hilfe von *sin γ*:

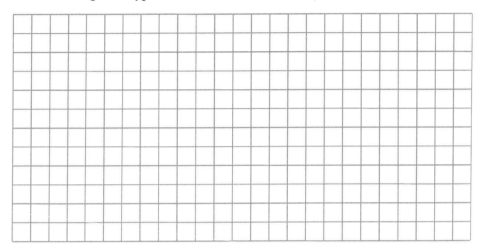

**3.** Berechnung der Kathete b (Gk β):
    **a)** mit Hilfe des Satzes von *Pythagoras*

**b)** mit Hilfe von *sin β*

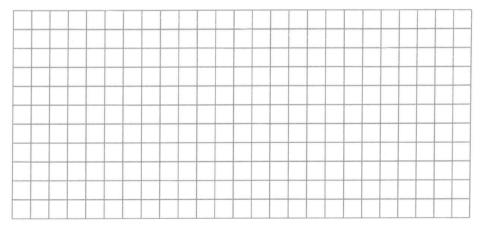

## Übung 10

In dieser Übung ist β der rechte Winkel. Falls du mit der Lösung dieser Aufgabe Schwierigkeiten hast, sieh dir den Lösungsweg für Typ 1 auf Seite 21/22 noch einmal an.

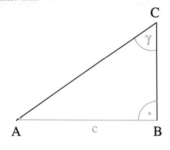

Im Dreieck ABC sind gegeben:
$\beta = 90°$,
$\gamma = 40°$,
$c = 3$ cm.
Gesucht: $\alpha$, b und a.
Beschreibe die Situation und berechne die unbekannten Größen.

**Zusammenfassung:**

| Typ 1 | Typ 2 | Typ 3 | |
|---|---|---|---|
| rechter Winkel, **weiterer Winkel** und seine **Gk** | rechter Winkel, **weiterer Winkel** und seine **Ak** | rechter Winkel, **weiterer Winkel** und **Hyp** | |
| ↓ | ↓ | ↓ | |
| 3. Winkel | 3. Winkel | 3. Winkel | *Innenwinkelsatz* |
| ↓ | ↓ | ↓ | |
| Hypotenuse | Hypotenuse | 1. Kathete | *sin* |
| ↓ | ↓ | ↓ | |
| 2. Kathete | 2. Kathete | 2. Kathete | *Pythagoras/sin* |

Sind in einem rechtwinkligen Dreieck außer dem rechten ein weiterer Winkel und eine Seite gegeben, dann kannst du die unbekannten Größen in folgenden drei Schritten berechnen:

1. Berechnung des noch unbekannten dritten Winkels mit dem *Innenwinkelsatz*.

2. ● Wenn eine Kathete bekannt ist,
    dann Berechnung der Hypotenuse mit dem *Sinus*.
   ● Wenn die Hypotenuse bekannt ist,
    dann Berechnung einer Kathete mit dem *Sinus*.

3. Berechnung der unbekannten zweiten Kathete mit dem *Sinus oder* auch mit dem Satz des *Pythagoras*.

In jedem Lösungsschritt wird zu Beginn eine Gleichung aufgestellt, in der die gesuchte Größe als einzige Größe unbekannt ist.

## 1.8 Planung der Schritte zur Lösung einer Aufgabe

In der Mathematik ist es wichtig, sich den Lösungsweg zu überlegen, bevor man anfängt zu rechnen. Im folgenden sollst du dich vergewissern, daß du jetzt in der Lage bist, für Dreiecksberechnungen den Lösungsweg zu beschreiben. Die Rechnung sollst du dann nicht mehr durchführen.

**Beispiel:** Beschreibung des Lösungswegs

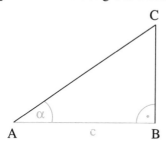

Im Dreieck ABC sind gegeben:
$\beta = 90°$,
$\alpha = 42°$,
$c = 3{,}7$ cm.
Gib die Lösungsschritte zur Berechnung der gesuchten Größen $\gamma$, b und a an.

Situation: $\beta$ ist der rechte Winkel (b ist Hyp), c ist Ak $\alpha$.

1. Berechnung des Winkels $\gamma$ mit dem *Innenwinkelsatz*:
$$\alpha + \beta + \gamma = 180°$$
Nur $\gamma$ ist unbekannt, denn $\alpha$ und $\beta$ sind gegeben.

2. Berechnung der Hypotenuse b mit Hilfe von *sin $\gamma$*:
$$\sin \gamma = \frac{\text{Gk } \gamma}{\text{Hyp}} = \frac{c}{b}$$
Nur b ist unbekannt, denn c ist gegeben, $\gamma$ wurde im ersten Schritt bereits berechnet.

3. Berechnung der Kathete a (Gk $\alpha$):
   **a)** mit Hilfe des Satzes von *Pythagoras*
   In diesem Dreieck sind a und c die Katheten, b ist die Hypotenuse.
   $$a^2 + c^2 = b^2$$
   Nur a ist unbekannt, denn c ist gegeben, b wurde im zweiten Schritt bereits berechnet.

   **b)** mit Hilfe von *sin $\alpha$*
   $$\sin \alpha = \frac{\text{Gk } \alpha}{\text{Hyp}} = \frac{a}{b}$$
   Nur a ist unbekannt, denn $\alpha$ ist gegeben, b wurde im zweiten Schritt bereits berechnet.

## Übung 11

Im Dreieck ABC sind gegeben: $\alpha = 90°$, $\beta = 40°$, $c = 13$ cm.
Fertige eine Skizze an. Beschreibe die Situation und gib dann wie im Beispiel die Lösungsschritte zur Berechnung der gesuchten Größen $\gamma$, b und a an.

## Sinus im rechtwinkligen Dreieck

Diesen Test solltest du ohne Unterbrechung bearbeiten — und ohne im Buch nachzuschlagen. Du liegst gut in der Zeit, wenn du dazu nicht mehr als 30 Minuten benötigst.
Viel Erfolg!

### Aufgabe 1
Ergänze.

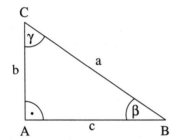

_____ ist Hypotenuse.

_____ ist Gegenkathete von β.

_____ ist Gegenkathete von γ.

_____ ist Ankathete von β.

_____ ist Ankathete von γ.

b ist Ak von _____ und Gk von _____.

c ist Ak von _____ und Gk von _____.

### Aufgabe 2

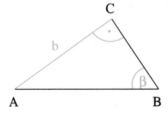

In einem Dreieck ABC sind gegeben: γ = 90°, β = 50° und b = 3 cm.
Beschreibe die Situation und berechne dann den Winkel α und die Seiten c und a.

### Aufgabe 3
In einem Dreieck ABC sind gegeben:
α = 90°, β = 20° und c = 5 cm.
Fertige eine Skizze an, beschreibe die Situation und berechne die fehlenden Größen des Dreiecks.

### Aufgabe 4

Peters Drachen steigt mit einem Steigungswinkel von 62°, er hat eine Nylonschnur von 30 m Länge.
Welche Höhe kann sein Drachen erreichen?

# 2 Kosinus im rechtwinkligen Dreieck

## 2.1 Definition des Kosinus im rechtwinkligen Dreieck

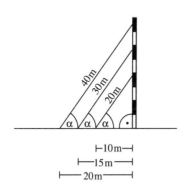

Die Halteseile eines Sendemastes bilden mit dem Erdboden einen Winkel von $\alpha = 60°$. Das 20 m lange Seil ist 10 m vom Fußpunkt des Mastes entfernt verankert, das 30 m lange Seil in einer Entfernung von 15 m und das 40 m lange Seil in einer Entfernung von 20 m.

| Entfernung | 10 m | 15 m | 20 m |
|---|---|---|---|
| Seillänge | 20 m | 30 m | 40 m |

Die siehst: Die „Entfernung" ist hier jeweils halb so lang wie die Seillänge. Dies liegt am gleichbleibenden Winkel $\alpha = 60°$.

Bei gleichbleibendem Winkel $\alpha = 60°$ hat der Quotient $\frac{\text{Entfernung}}{\text{Seillänge}}$ immer den Wert $\frac{1}{2}$. (Man kann dies mit Hilfe des zweiten Strahlensatzes beweisen.)

Dieser Rechnung liegen rechtwinklige Dreiecke zugrunde, die im Winkel $\alpha$ übereinstimmen. Bezogen auf diesen Winkel $\alpha$ ist die Entfernung der Verankerung vom Fußpunkt die Ankathete von $\alpha$, die Seillänge ist die Hypotenuse.

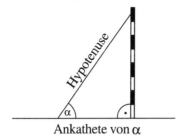

Ankathete von $\alpha$

Für $\alpha = 60°$ gilt:

$$\frac{\text{Ankathete von } \alpha}{\text{Hypotenuse}} = \frac{\text{Ak } \alpha}{\text{Hyp}} = \frac{1}{2},$$

denn $\frac{10}{20} = \frac{1}{2}$, $\frac{15}{30} = \frac{1}{2}$ und $\frac{20}{40} = \frac{1}{2}$.

Du siehst: Im rechtwinkligen Dreieck hat bei gegebenem Winkel $\alpha$ der Quotient $\frac{\text{Ak } \alpha}{\text{Hyp}}$ einen festen Wert. Zu jedem Winkel $\alpha$ gibt es also einen konstanten Quotienten $\frac{\text{Ak } \alpha}{\text{Hyp}}$; er heißt **Kosinus $\alpha$**, kurz: cos $\alpha$.

$$\cos \alpha = \frac{\text{Ankathete von } \alpha}{\text{Hypotenuse}} = \frac{\text{Ak } \alpha}{\text{Hyp}}$$

## 2.2 Spezielle Kosinuswerte

In Kapitel 1.3 hast du gelernt, für $\alpha = 30°$, $45°$ und $60°$ den jeweiligen Sinuswert zu berechnen. Mit Hilfe derselben Dreiecke kannst du nun auch die jeweiligen Kosinuswerte berechnen.

### Übung 1
Berechne cos 45°.

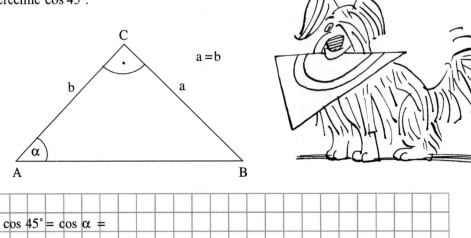

cos 45° = cos $\alpha$ =

Berechnung von c

**Übung 2**

Berechne: **a)** cos 30°
        **b)** cos 60°.

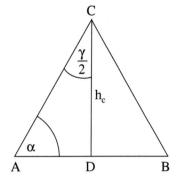

**a)** Hypotenuse im Dreieck ADC ist _____, Ankathete $\frac{\gamma}{2}$ ist _____.

$$\cos 30° = \cos \alpha \frac{\gamma}{2} =$$

Berechnung von $h_c$ _____

**b)** Ankathete von $\alpha = 60°$ ist _____.

$$\cos 60° = \cos \alpha =$$

## 2.3 Veranschaulichung der Kosinuswerte am Einheitskreis

Wie die Sinuswerte sind auch die Kosinuswerte als Brüche definiert, in deren Nenner die Hypotenuse steht. Legst du ein Dreieck zugrunde, dessen Hypotenuse die Länge 1 LE (eine Längeneinheit) hat, so gilt in diesem Dreieck:

$$\cos \alpha = \frac{\text{Ak } \alpha}{\text{Hyp}} = \frac{\text{Ak } \alpha}{1} = \text{Ak } \alpha$$

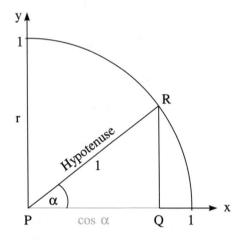

Das Dreieck liegt so im x-y-Koordinatensystem, daß
— die Ankathete von α auf der x-Achse und
— der Scheitelpunkt von α im Ursprung liegt.

Verändert man den Winkel α, so bewegt sich der Punkt R auf dem Viertelkreis um P mit dem Radius r = 1 LE.

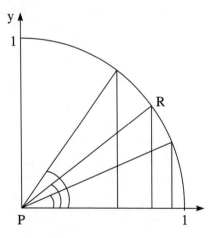

Im Bild unten hat nun die Hypotenuse die Länge 1 dm. Miß die Länge der Strecke $\overline{PQ}$ in dm.
Die Maßzahl der Länge (d.h. Länge ohne Benennung der Längeneinheit) ist cos α.

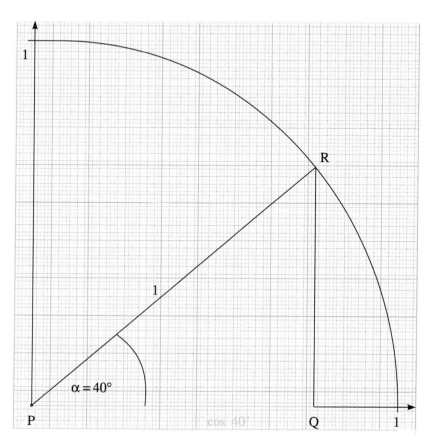

Durch Messen erhältst du: $\overline{PQ} \approx 7{,}7\,\text{cm} = 0{,}77\,\text{dm}$.
Also gilt: $\cos 40° \approx 0{,}77$.

**Übung 3**
Zeichne die gegebenen Winkel in die Zeichnung ein, miß die entsprechenden Strecken und ermittle so jeweils einen Näherungswert für cos α.

| α | 10° | 30° | 40° | 50° | 70° |
|---|-----|-----|-----|-----|-----|
| cos α | | | 0,77 | | |

Verdeutlichst du dir die Ergebnisse noch einmal, so erkennst du:
– Wird α *größer*, so wird *cos α kleiner*;
– cos α liegt zwischen 0 und 1, d.h. $0 \leq \cos \alpha \leq 1$.

## 2.4 Ermittlung von Kosinuswerten mit dem Taschenrechner

Grundlegende Hinweise zum Gebrauch des Taschenrechners findest du auf Seite 15.

Willst du nun den Kosinuswert eines Winkels aus deinem Taschenrechner abrufen, so mußt du zuerst die Gradzahl eingeben und dann erst auf die Kosinustaste drücken.

> So rufst du cos 30° ab:
> **1.** Taschenrechner auf DEG einstellen.
> **2.** Eingabe der Tastenfolge: 30 $\boxed{\text{cos}}$.
> **3.** Als Ergebnis erscheint: 0.8660254...
> Also gilt: cos 30° = 0,8660254...

Auch der Kosinuswert eines Winkels ist im allgemeinen eine Dezimalzahl mit unendlich vielen Stellen hinter dem Komma. Der Taschenrechner kann hiervon nur eine begrenzte Anzahl anzeigen.

**Beispiel:** Mit dem Taschenrechner ermittelte Kosinuswerte
**a)** cos 23,5°   = 0,9170600...
**b)** cos 67,23° = 0,3870328...
**c)** cos 0,1°   = 0,9999984...
**d)** cos 45°    = 0,7071067...

**Übung 4**
Ermittle mit deinem Taschenrechner.

**a)** cos 17,7°   = _____

**b)** cos 23,765° = _____

**c)** cos 0,45°   = _____

**d)** cos 60°     = _____

**e)** cos 89°     = _____

 Während sin $\alpha$ definiert ist als $\frac{\text{Gk }\alpha}{\text{Hyp}}$, ist cos $\alpha$ definiert als $\frac{\text{Ak }\alpha}{\text{Hyp}}$. Du mußt also, bezogen auf den Winkel $\alpha$, Ankathete und Gegenkathete deutlich unterscheiden.

## 2.5 Berechnung einer Seite mit Hilfe des Kosinus

Im Kapitel 1.6 hast du mit Hilfe der Sinuswerte von Winkeln in einem rechtwinkligen Dreieck Seiten berechnet.

Im folgenden wirst du sehen, wie du genauso auch mit Hilfe der Kosinuswerte Seiten berechnen kannst.

**Beispiel:** Berechnung der Ankathete mit Hilfe des Kosinus

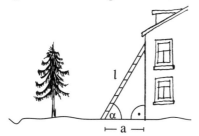

Eine Leiter soll aus Sicherheitsgründen mit dem Erdboden einen Winkel von $\alpha = 75°$ bilden.
Wie weit muß dann der Fußpunkt einer 5 m langen Leiter vom Haus entfernt sein?

Situation: Die Leiter bildet mit dem Erdboden und der Hauswand ein rechtwinkliges Dreieck. Die Leiter l ist die Hypotenuse

Berechnung: Der Abstand des Fußpunktes von der Hauswand soll berechnet werden.
Dieser Abstand a ist die Ankathete von $\alpha = 75°$.
Daraus ergibt sich der Ansatz:

$$\cos \alpha = \frac{Ak \, \alpha}{Hyp} = \frac{a}{l}$$

Nun setzt man die bekannten Größen in die Gleichung ein. Da a gesucht wird, löst man dann die Gleichung nach a hin auf.

$$\cos \alpha = \frac{a}{5} \quad | \cdot 5$$
$$5 \cdot \cos 75° = a$$
$$a = 1{,}2940952$$

Meterangaben rundet man, wie du bereits weißt, auf Zentimeter, d.h. auf die zweite Stelle hinter dem Komma.
Also: $a = 1{,}29$.

Antwort: Der Fußpunkt der 5 m langen Leiter muß 1,29 m Abstand von der Hauswand haben, wenn der Neigungswinkel 75° betragen soll.

*Anmerkung:* Die Tastenfolge zur Berechnung von $5 \cdot \cos 75°$ ist:

    5 ☒ 75 cos ⹀.

Die Taste ⹀ mußt du drücken, weil sonst in der Anzeige nur der Wert von cos 75° steht. Erst durch das Drücken der Taste ⹀ wird die Multiplikation mit 5 ausgeführt und angezeigt.

Und nun folgt ein Beispiel, das dir genau zeigt, wie du hier rechnen kannst.

**Beispiel:** Berechnung der Ankathete mit Hilfe des Kosinus
Welchen Abstand muß der Fußpunkt einer 4,20 m langen Leiter von der Hauswand haben, wenn die Leiter in einem Winkel von $\alpha = 70°$ angestellt werden soll?

Gegeben: $\alpha = 70°$,
Leiter $l = 4{,}20$ m.
Gesucht: Abstand a
(Fußpunkt-Hauswand).

Situation: l ist Hyp.

Berechnung: a ist Ak $\alpha$.

$$\cos \alpha = \frac{Ak\ \alpha}{Hyp} = \frac{a}{l}$$

$$\cos 70° = \frac{a}{4{,}20} \quad | \cdot 4{,}20$$

$$4{,}20 \cdot \cos 70° = a$$

$$a = 1{,}44 \quad \text{(gerundet)}$$

Antwort: Der Fußpunkt der Leiter muß 1,44 m Abstand von der Hauswand haben.

**Übung 5**
Die Halteseile eines Sendemastes bilden mit dem Erdboden den Winkel $\alpha = 54°$. In welcher Entfernung vom Fuß des Mastes ist ein 27,50 m langes Halteseil verankert?
Zeichne zuerst eine Skizze und trage die passenden Bezeichnungen ein. Überlege dann, was gegeben und was gesucht ist. Beschreibe die Situation und rechne erst dann. Vergiß die Antwort nicht.

Bisher hast du in diesem Kapitel mit Hilfe des Kosinus aus einem Winkel und der Hypotenuse die Ankathete berechnet.

Winkel
$\xrightarrow{\quad \cos \quad}$ Ankathete
Hypotenuse

Nun erfährst du, wie mit Hilfe des Kosinus aus einem Winkel und der Ankathete die Hypotenuse berechnet wird.

Winkel
$\xrightarrow{\quad \cos \quad}$ Hypotenuse
Ankathete

**Beispiel:** Berechnung der Hypotenuse mit Hilfe des Kosinus

Der Anfang einer mit 9° ansteigenden Rampe ist 6,50 m von einer Lagerhalle entfernt. Wie lang ist der Fahrweg auf der Rampe?

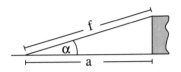

Gegeben: $\alpha = 9°$,

a = 6,50 m.

Gesucht: Fahrweglänge f.

Situation:     a ist Ak $\alpha$.

Berechnung: f ist Hyp.

$$\cos \alpha = \frac{\text{Ak } \alpha}{\text{Hyp}} = \frac{a}{f}$$

Diese Gleichung muß nun nach f hin aufgelöst werden.

$$\cos 9° = \frac{6,50}{f} \quad | \cdot f$$

$$f \cdot \cos 9° = 6,50 \quad | : \cos 9°$$

$$f = \frac{6,50}{\cos 9°} = 6,58 \quad \text{(gerundet)}$$

Antwort:     Die Fahrweglänge auf der Rampe beträgt 6,58 m.

**Übung 6**

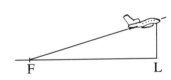

Ein Flugzeug hebt von der Landebahn in F mit einem Steigungswinkel von 4,6° ab. Das letzte Leuchtfeuer ist 12 km von F entfernt.
Welche Flugstrecke hat das Flugzeug zurückgelegt, wenn es sich senkrecht über L befindet?

Trage zuerst die passenden Bezeichnungen in die Skizze ein. Überlege dann, was gegeben und was gesucht ist. Beschreibe die Situation und rechne erst dann.

## 2.6 Berechnung von Seiten und Winkeln mit Hilfe des Kosinus

Bevor du dieses Kapitel bearbeitest, solltest du das Kapitel 1.7 „Berechnung von Winkeln und Seiten mit Hilfe des Sinus" durchgearbeitet haben. Dort hast du die möglichen Aufgabentypen und die zugehörigen Lösungswege kennengelernt.

Bei den drei Aufgabentypen ist gegeben:

| | | |
|---|---|---|
| rechter Winkel, | rechter Winkel, | rechter Winkel, |
| **weiterer Winkel** | **weiterer Winkel** | **weiterer Winkel** |
| und seine **Gk** | und seine **Ak** | und **Hyp** |
| **Typ 1** | **Typ 2** | **Typ 3** |

 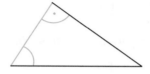 

 In diesem Kapitel sollst du diese Aufgabentypen mit Hilfe des Kosinus bearbeiten. Dabei wirst du sehen, daß die Lösungswege denen, die du vom Sinus her kennst, genau entsprechen.

---

**Typ 1**

Gegeben: rechter Winkel, **weiterer Winkel** und seine **Gegenkathete**

↓

3. Winkel

↓

Hypotenuse

↓

2. Kathete

---

Benutze nun den Lösungsweg des ersten Aufgabentyps, um die unbekannten Größen mit Hilfe des Kosinus zu berechnen. Auch hier solltest du — wie immer — zuerst den fehlenden dritten Winkel berechnen.

**Beispiel:** Typ 1

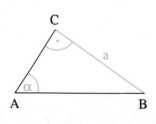

Im Dreieck ABC sind gegeben:
$\gamma = 90°$,
$\alpha = 50°$,
$a = 5\,cm$.
Gesucht: $\beta$, c und b.

Situation: γ ist der rechte Winkel (c ist also Hyp), a ist Gk α.

**1.** Berechnung des Winkels β mit dem *Innenwinkelsatz*:

$$\alpha + \beta + \gamma = 180°$$
$$\beta = 40°$$

Der Winkel β beträgt 40°.

**2.** Berechnung der Hypotenuse c mit *cos β*:
Da die gegebene Seite a die Ankathete des gerade berechneten Winkels β ist, kannst du mit Hilfe von cos β die Hypotenuse c berechnen.

$$\cos \beta = \frac{\text{Ak } \beta}{\text{Hyp}} = \frac{a}{c}$$

$$\cos 40° = \frac{5}{c} \quad | \cdot c$$

$$c \cdot \cos 40° = 5 \quad | : \cos 40°$$

$$c = \frac{5}{\cos 40°} = 6{,}53 \quad \text{(gerundet)}$$

Die Seite c ist 6,53 cm lang.

**3.** Berechnung der Kathete b (Ak α) mit Hilfe von *cos α*:
Gegeben: α = 50°.
Bereits berechnet hast du die Hypotenuse c = 6,53 cm.
Da die gesuchte Seite b die Ankathete des Winkels α ist, kannst du mit Hilfe von cos α die Seite b berechnen.

$$\cos \alpha = \frac{\text{Ak } \alpha}{\text{Hyp}} = \frac{b}{c}$$

$$\cos 50° = \frac{b}{6{,}53} \quad | \cdot 6{,}53$$

$$6{,}53 \cdot \cos 50° = b$$

$$b = 4{,}20 \quad \text{(gerundet)}$$

Die Seite b ist 4,20 cm lang.
Die Seite b hättest du auch mit dem Satz des *Pythagoras* berechnen können.

**Übung 7**

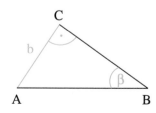

Im Dreieck ABC sind gegeben:
γ = 90°,
β = 40°,
b = 13 cm.
Gesucht: α, c und a.
Beschreibe die Situation und berechne die unbekannten Größen.

Hier ist noch einmal der Lösungsweg für Aufgabentyp 2:

**Typ 2**

Gegeben: rechter Winkel, **weiterer Winkel** und seine **Ankathete**
↓
3. Winkel
↓
Hypotenuse
↓
2. Kathete

**Beispiel:** Typ 2

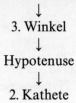

Im Dreieck ABC sind gegeben:
$\gamma = 90°$,
$\alpha = 60°$,
$b = 5,3$ cm.
Gesucht: $\beta$, c und a.

Situation: $\gamma$ ist rechter Winkel (c ist Hyp), b ist Ak $\alpha$.

**1.** Berechnung des Winkels $\beta$ mit dem *Innenwinkelsatz*:

$$\alpha + \beta + \gamma = 180°$$
$$\beta = 30°$$

Der Winkel $\beta$ beträgt 30°.

**2.** Berechnung der Hypotenuse c mit Hilfe von *cos α*:

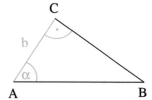

$$\cos \alpha = \frac{\text{Ak } \alpha}{\text{Hyp}} = \frac{b}{c}$$

$$\cos 60° = \frac{5,3}{c} \quad | \cdot c$$

$$c \cdot \cos 60° = 5,3 \quad | : \cos 60°$$

$$c = \frac{5,3}{\cos 60°} = 10,6$$

Die Seite c ist 10,6 cm lang.

**3.** Berechnung der Kathete a (Ak β) mit Hilfe von *cos β*:

$$\cos \beta = \frac{\text{Ak } \beta}{\text{Hyp}} = \frac{a}{c}$$

$$\cos 30° = \frac{a}{10,6} \quad | \cdot 10,6$$

$$10,6 \cdot \cos 30° = a$$

$$a = 9,18 \quad \text{(gerundet)}$$

Die Seite a ist 9,18 cm lang.
Die Seite a hättest du auch mit dem Satz des *Pythagoras* berechnen können.

Diesen Lösungsweg sollst du nun zur Berechnung der unbekannten Größen mit Hilfe des Kosinus benutzen. Auch hier solltest du − wie immer − zuerst den unbekannten dritten Winkel berechnen.

**Übung 8**

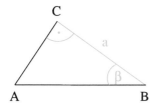

Im Dreieck ABC sind gegeben:
γ = 90°,
β = 40°,
a = 3 cm.
Beschreibe die Situation und berechne die unbekannten Größen.

Und hier der Lösungsweg des dritten Aufgabentyps:

**Typ 3**

Gegeben: rechter Winkel, **weiterer Winkel** und seine **Hypotenuse**
↓
3. Winkel
↓
1. Kathete
↓
2. Kathete

**Übung 9**

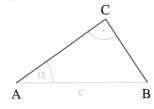

Im Dreieck ABC sind gegeben:
γ = 90°,
α = 35°,
c = 7 cm.
Beschreibe die Situation und berechne die unbekannten Größen.

**Zusammenfassung:**

| Typ 1 | Typ 2 | Typ 3 | |
|---|---|---|---|
| rechter Winkel, **weiterer Winkel** und seine **Gk** | rechter Winkel, **weiterer Winkel** und seine **Ak** | rechter Winkel, **weiterer Winkel** und **Hyp** | |
| ↓ | ↓ | ↓ | |
| 3. Winkel | 3. Winkel | 3. Winkel | *Innenwinkelsatz* |
| ↓ | ↓ | ↓ | |
| Hypotenuse | Hypotenuse | 1. Kathete | *cos* |
| ↓ | ↓ | ↓ | |
| 2. Kathete | 2. Kathete | 2. Kathete | *Pythagoras/cos* |

Sind in einem rechtwinkligen Dreieck außer dem rechten Winkel ein weiterer Winkel und eine Seite gegeben, dann kannst du die unbekannten Größen in folgenden drei Schritten berechnen:

1. Berechnung des noch unbekannten dritten Winkels mit dem ***Innenwinkelsatz***.
2. ● Wenn eine Kathete bekannt ist,
   dann Berechnung der Hypotenuse mit dem ***Kosinus***.
   ● Wenn die Hypotenuse bekannt ist,
   dann Berechnung einer Kathete mit dem ***Kosinus***.
3. Berechnung der unbekannten zweiten Kathete mit dem ***Kosinus oder*** auch mit dem Satz des ***Pythagoras***.

In jedem Lösungsschritt wird zu Beginn eine Gleichung aufgestellt, in der die gesuchte Größe als einzige Größe unbekannt ist.

Bearbeite nun die folgenden Übungen. Verwende dabei nur den Innenwinkelsatz und den Kosinus.

**Übung 10**

Im Dreieck ABC sind gegeben: $\gamma = 90°$, $\beta = 35°$, $c = 7$ cm.
Fertige eine Skizze an. Beschreibe die Situation und gib an, welche Größen unbekannt sind. Berechne dann diese Größen.

In allen vorangegangenen Beispielen und Übungen war immer $\gamma$ der rechte Winkel. Im folgenden liegt der rechte Winkel bei A bzw. bei B.

**Übung 11**

Fertige jeweils eine Skizze an, beschreibe die Situation und bestimme den Aufgabentyp.

**a)** Im Dreieck ABC sind gegeben:
$\alpha = 90°$, $\gamma = 30°$, $a = 10$ cm.

**b)** Im Dreieck ABC sind gegeben:
$\beta = 90°$, $\gamma = 15{,}2°$, $c = 12$ cm.

**c)** Im Dreieck ABC sind gegeben:
$\alpha = 90°$, $\beta = 37{,}4°$, $b = 4{,}8$ cm.

**Übung 12**

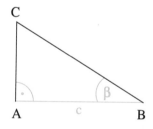

Im Dreieck ABC sind gegeben:
$\alpha = 90°$,
$\beta = 32°$,
$c = 14{,}2$ cm.
Beschreibe die Situation und berechne die unbekannten Größen.

**Übung 13**

Im Dreieck ABC sind gegeben: $\beta = 90°$, $\alpha = 54{,}7°$, $a = 30{,}8$ m.
Fertige eine Skizze an, beschreibe die Situation und berechne alle unbekannten Größen.

# 3 Tangens und Kotangens im rechtwinkligen Dreieck

## 3.1 Definition des Tangens und Kotangens im rechtwinkligen Dreieck

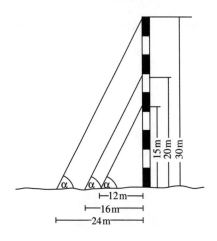

Die parallel gespannten Seile eines Sendemastes bilden mit dem Erdboden einen Winkel α.

Das erste Seil reicht bis zu einer Höhe von 15 m und ist in 12 m Entfernung vom Fußpunkt des Mastes verankert; das zweite Seil reicht bis zu einer Höhe von 20 m und ist in einer Entfernung von 16 m verankert; das dritte Seil erreicht eine Höhe von 30 m und ist in 24 m Entfernung verankert.

| Höhe | 15 m | 20 m | 30 m |
|---|---|---|---|
| Entfernung | 12 m | 16 m | 24 m |

Du siehst: Der Quotient $\frac{\text{Höhe}}{\text{Entfernung}}$ ist in allen drei Fällen gleich, denn

$$\frac{15}{12} = \frac{5}{4}, \frac{20}{16} = \frac{5}{4} \text{ und } \frac{30}{24} = \frac{5}{4}.$$

Dies liegt am gleichbleibenden Winkel α. In allen drei rechtwinkligen Dreiecken ist die Höhe Gegenkathete von α, die Entfernung (Verankerung — Fußpunkt des Mastes) Ankathete von α.

Es gilt: Im rechtwinkligen Dreieck hat bei gegebenem Winkel α der Quotient $\frac{\text{Gk}\,\alpha}{\text{Ak}\,\alpha}$ einen festen Wert. Zu jedem Winkel α gibt es also einen konstanten Quotienten $\frac{\text{Gk}\,\alpha}{\text{Ak}\,\alpha}$; er heißt **Tangens α**, kurz: tan α.

$$\tan \alpha = \frac{\text{Gegenkathete von } \alpha}{\text{Ankathete von } \alpha} = \frac{\text{Gk}\,\alpha}{\text{Ak}\,\alpha}$$

Der Kehrwert von tan α heißt Kotangens α, kurz cot α.

$$\cot \alpha = \frac{\text{Ankathete von } \alpha}{\text{Gegenkathete von } \alpha} = \frac{\text{Ak}\,\alpha}{\text{Gk}\,\alpha}$$

## 3.2 Veranschaulichung der Tangenswerte am Einheitskreis

Sinus- und Kosinuswerte sind Brüche. Um diese Werte am Einheitskreis zu veranschaulichen, mußten wir den Nenner so wählen, daß er die Länge 1 LE hatte. ( → Seite 13 und 34)

Da auch Tangenswerte Brüche sind, kannst du sie entsprechend veranschaulichen, indem du für den Nenner, also die Ankathete, die Länge 1 LE wählst.

$$\tan \alpha = \frac{\text{Gk } \alpha}{\text{Ak } \alpha} = \frac{\text{Gk } \alpha}{1} = \text{Gk } \alpha$$

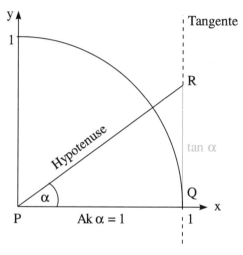

Das Dreieck liegt so im x-y-Koordinatensystem, daß
— die Ankathete von $\alpha$ auf der x-Achse und
— der Scheitelpunkt von $\alpha$ im Ursprung liegt.

*Anmerkung*: Wie du in der Zeichnung erkennst, wird *tan* $\alpha$ durch einen *Tangentenabschnitt* veranschaulicht, daher auch sein Name.

Für Tangenswerte gilt:
Wird $\alpha$ *größer*, so wird auch *tan* $\alpha$ *größer*.
Für $\alpha < 45°$ gilt: $\tan \alpha < 1$.
Für $\alpha = 45°$ gilt: $\tan 45° = 1$.
Für $\alpha > 45°$ gilt: $\tan \alpha > 1$.

Mit wachsendem $\alpha$ werden die Tangenswerte sogar beliebig groß. Wie verhalten sich dagegen Sinus und Kosinuswerte? Schau gegebenenfalls nach auf den Seiten 14 und 35.

## 3.3 Ermittlung von Tangens- und Kotangenswerten mit dem Taschenrechner

Grundlegende Hinweise zum Gebrauch des Taschenrechners findest du auf Seite 15.

Willst du nun den Tangenswert eines Winkels aus deinem Taschenrechner abrufen, so mußt du — wie auch bei Sinus- und Kosinuswerten — zuerst die Gradzahl eingeben. Erst dann drückst du auf die Tangenstaste.

> So rufst du tan 30° ab:
> **1.** Taschenrechner auf DEG einstellen.
> **2.** Eingabe der Tastenfolge: 30 $\boxed{\text{tan}}$.
> **3.** Als Ergebnis erscheint: 0.5773502...
> Also gilt: tan 30° = 0,5773502...

Im allgemeinen ist auch der Tangenswert eines Winkels eine Dezimalzahl mit unendlich vielen Stellen hinter dem Komma. Der Taschenrechner liefert auch hier lediglich einen Näherungswert.

**Beispiel:** Mit dem Taschenrechner ermittelte Tangenswerte
**a)** tan 23,5°  = 0,4348123...
**b)** tan 67,23° = 2,3823970...
**c)** tan 0,1°  = 0,001745331... = 1,745331...$^{-03}$
**d)** tan 45°  = 1

### Übung 1
Ermittle mit deinem Taschenrechner.

**a)** tan 17,7°  = _____

**b)** tan 23,765° = _____

**c)** tan 0,45°  = _____

**d)** tan 60°  = _____

**e)** tan 89°  = _____

Es ist $\cot \alpha = \frac{1}{\tan \alpha}$. Ein Taschenrechner braucht daher keine Kotangenstaste. Um $\cot \alpha$ mit dem Taschenrechner zu ermitteln, bestimmst du zuerst $\tan \alpha$ und bildest dann mit der $\boxed{1/x}$-Taste den Kehrwert.

So rufst du $\cot 30°$ ab:
1. Taschenrechner auf DEG einstellen.
2. Eingabe der Tastenfolge: 30 $\boxed{\tan}$.
   Als Zwischenergebnis erscheint: 0.5773502...
3. Kehrwert-Taste: $\boxed{1/x}$.
4. Als Ergebnis erscheint: 1.7320508...
Also gilt: $\cot 30° = 1{,}7320508...$

**Beispiel:** Mit dem Taschenrechner ermittelte Kotangenswerte
a) $\cot 23{,}5° = 2{,}2998425...$  b) $\cot 67{,}23° = 0{,}4197453...$
c) $\cot 0{,}1° = 572{,}95721...$  d) $\cot 45° = 1$

**Übung 2**
Ermittle mit deinem Taschenrechner.

a) $\cot 17{,}7° =$ _____  b) $\cot 23{,}765° =$ _____

c) $\cot 0{,}45° =$ _____  d) $\cot 60° =$ _____

e) $\cot 89° =$ _____

## 3.4 Berechnung einer Seite mit Hilfe des Tangens

Auch mit Hilfe der Tangenswerte kannst du nun in einem rechtwinkligen Dreieck Seiten berechnen.

**Beispiel:** Berechnung der Ankathete mit Hilfe des Tangens

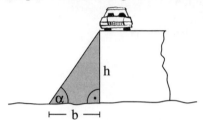

Eine 5 m hoch liegende Straße soll durch eine Böschung mit dem Böschungswinkel $\alpha = 30°$ gesichert werden.
Wie breit ist die Böschung?

Die Böschungsbreite b und die Straßenhöhe h bilden zusammen mit der Böschung ein rechtwinkliges Dreieck. Die Straßenhöhe h ist die Gegenkathete des Böschungswinkels $\alpha$, die Böschungsbreite b ist seine Ankathete.
b soll berechnet werden.

$$\tan \alpha = \frac{\text{Gk } \alpha}{\text{Ak } \alpha} = \frac{h}{b}$$

Nun setzt man die bekannten Größen in die Gleichung ein. Da b gesucht wird, löst man dann die Gleichung nach b hin auf:

$$\tan 30° = \frac{5}{b} \quad | \cdot b$$

$$b \cdot \tan 30° = 5 \quad | : \tan 30°$$

$$b = \frac{5}{\tan 30°}$$

$$b = 8{,}66 \quad \text{(gerundet)}$$

Die Böschung ist 8,66 m breit.

*Anmerkung*: Die Tastenfolge zur Berechnung von $\frac{5}{\tan 30°}$ ist:

5 ÷ 30 $\boxed{\tan}$ $\boxed{=}$ .

Und nun folgt ein Beispiel, das dir zeigt, wie du hier rechnen kannst.

**Beispiel:** Berechnung der Gegenkathete mit Hilfe des Tangens
Der Schatten eines Turmes ist 72 m lang; die Sonnenstrahlen treffen in einem Winkel von 25° auf den Erdboden. Wie hoch ist der Turm?

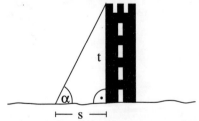

Gegeben: $\alpha = 25°$,
Schattenlänge s = 72 m.
Gesucht: Turmhöhe t.

Situation:   s ist Ak α.

Berechnung: t ist Gk α.

$$\tan \alpha = \frac{Gk\ \alpha}{Ak\ \alpha} = \frac{t}{s}$$

$$\tan 25° = \frac{t}{72} \quad | \cdot 72$$

$$72 \cdot \tan 25° = t$$

$$t = 33{,}57 \quad \text{(gerundet)}$$

Antwort:     Der Turm ist 33,57 m hoch.

## Übung 3

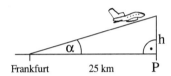

Ein Flugzeug startet in Frankfurt mit dem Steigungswinkel α = 6,5°.
Welche Höhe hat es erreicht, wenn es sich genau (senkrecht) über dem 25 km entfernten Punkt P befindet?

Frankfurt        25 km        P

Gegeben:

Gesucht:

Situation:

Berechnung:

Antwort:

Auch hier kannst du mit dem Innenwinkelsatz und dem Tangens alle unbekannten Größen berechnen — wenn zwei Winkel und eine Seite gegeben sind. Die Lösungswege entsprechen denen, die du vom Sinus und Kosinus her schon kennst.

# 4 Vermischte Berechnungen mit Sinus, Kosinus und Tangens

In den bisherigen Kapiteln hast du gesehen, daß zu einem Winkel α jeweils ein ganz bestimmter sin-, cos- und tan-Wert gehört.
Man nennt eine Zuordnung, die einem Winkelmaß seinen sin-, cos- oder tan-Wert zuordnet, eine **Winkelfunktion**.

Bisher hast du mit jeweils einer dieser Winkelfunktionen aus zwei Winkeln und einer gegebenen Seite die beiden unbekannten Seiten berechnet.

 In diesem Kapitel wirst du nun sehen, daß man zur Berechnung von Seiten in einem Dreieck auch verschiedene Winkelfunktionen nebeneinander benutzen kann.

**Beispiel:** Berechnungen mit verschiedenen Winkelfunktionen

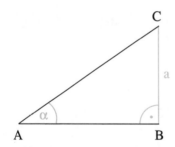

Im Dreieck ABC sind gegeben:
$\beta = 90°$,
$\alpha = 12°$,
$a = 5$ cm.
Gesucht: $\gamma$, b, c.

Situation: $\beta = 90°$ (b ist Hyp), a ist Gk α und Ak γ.

**1.** Zuerst berechnen wir − wie immer − den unbekannten dritten Winkel mit dem Innenwinkelsatz.

$$12° + 90° + \gamma = 180°$$
$$\gamma = 78°$$

Der Winkel γ beträgt 78°.

Nun müssen b und c noch berechnet werden. Dazu gibt es verschiedene Möglichkeiten:

 − Die Hypotenuse b können wir mit $\sin \alpha = \frac{a}{b}$, aber auch mit $\cos \gamma = \frac{a}{b}$ berechnen.
− Die Kathete c (Ak α) können wir mit $\tan \alpha = \frac{a}{c}$ berechnen, wir können die Kathete c (Gk γ) aber auch mit $\tan \gamma = \frac{c}{a}$ berechnen.

Wenn möglich, solltest du nur mit gegebenen Größen rechnen, da in den von dir berechneten Größen bereits ein Fehler stecken könnte, der dann Folgefehler nach sich zöge.

Da $\alpha$ und a gegeben sind, sind die Ansätze $\sin \alpha = \frac{a}{b}$ und $\tan \alpha = \frac{a}{c}$ günstig.

**2.** Berechnung der Hypotenuse b mit Hilfe von $\sin \alpha$:

$$\sin \alpha = \frac{Gk\,\alpha}{Hyp} = \frac{a}{b}$$

$$\sin 12° = \frac{5}{b} \quad |\cdot b$$

$$b \cdot \sin 12° = 5 \quad |: \sin 12°$$

$$b = \frac{5}{\sin 12°} = 24{,}05 \quad \text{(gerundet)}$$

Die Seite b ist 24,05 cm lang.

**3.** Berechnung der Kathete c mit Hilfe von $\tan \alpha$:

$$\tan \alpha = \frac{Gk\,\alpha}{Ak\,\alpha} = \frac{a}{c}$$

$$\tan 12° = \frac{5}{c} \quad |\cdot c$$

$$c \cdot \tan 12° = 5 \quad |: \tan 12°$$

$$c = \frac{5}{\tan 12°} = 23{,}52 \quad \text{(gerundet)}$$

Die Seite c ist 23,52 cm lang.

Da wir im zweiten Schritt die Hypotenuse b berechnet haben, gibt es für die Seite c im dritten Schritt neben der Berechnung mit $\tan \alpha$ oder $\tan \gamma$ noch zwei weitere Möglichkeiten: die Berechnung mit $\cos \alpha$ und mit dem Satz des Pythagoras. Es gibt also durchaus mehrere Lösungswege.

**Beispiel:** Berechnung mit verschiedenen Winkelfunktionen

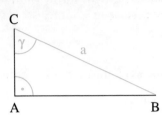

Im Dreieck ABC sind gegeben:
$\alpha = 90°$,
$\gamma = 41,5°$,
$a = 7,2$ cm.
Gesucht: $\beta$, b, c.

Situation: $\alpha = 90°$, a ist Hyp.

**1.** Berechnung von $\beta$ mit dem Innenwinkelsatz:
$$90° + \beta + 41,5° = 180°$$
$$\beta = 48,5°$$
Der Winkel $\beta$ beträgt 48,5°.

Zur Berechnung der Seiten b und c gibt es wieder verschiedene Möglichkeiten.
– Die Kathete b (Ak $\gamma$) können wir über $\cos \gamma = \frac{b}{a}$ berechnen;
  wir können die Kathete b (Gk $\beta$) aber auch über $\sin \beta = \frac{b}{a}$ berechnen.
– Die Kathete c (Gk $\gamma$) können wir über $\sin \gamma = \frac{c}{a}$ berechnen;
  wir können die Kathete c (Ak $\beta$) aber auch über $\cos \beta = \frac{c}{a}$ berechnen.

Auch hier ist es wieder möglich, nur mit gegebenen Größen zu rechnen.
Da $\gamma$ und a gegeben sind, sind die Ansätze $\cos \gamma = \frac{b}{a}$ und $\sin \gamma = \frac{c}{a}$ günstig.

**2.** Berechnung der Kathete b (Ak $\gamma$) mit Hilfe von $\cos \gamma$:
$$\cos \gamma = \frac{\text{Ak } \gamma}{\text{Hyp}} = \frac{b}{a}$$
$$\cos 41,5° = \frac{b}{7,2} \quad | \cdot 7,2$$
$$7,2 \cdot \cos 41,5° = b$$
$$b = 5,39 \quad \text{(gerundet)}$$
Die Seite b ist 5,39 cm lang.

**3.** Berechnung der Kathete c (Gk $\gamma$) mit Hilfe von $\sin \gamma$:
$$\sin \gamma = \frac{\text{Gk } \gamma}{\text{Hyp}} = \frac{c}{a}$$
$$\sin 41,5° = \frac{c}{7,2} \quad | \cdot 7,2$$
$$7,2 \cdot \sin 41,5° = c$$
$$c = 4,77 \quad \text{(gerundet)}$$
Die Seite c ist 4,77 cm lang.

Wären wir nicht nur von gegebenen Größen ausgegangen, dann hätten wir im dritten Schritt die Seite c auch über $\cos \beta$, $\tan \gamma$ oder den Satz des Pythagoras berechnen können.

## Übung 1

Im Dreieck ABC sind gegeben:

**a)** $\gamma = 90°$      $\alpha = 63{,}7°$      $b = 6{,}12$ cm

**b)** $\alpha = 90°$      $a = 4{,}2$ cm      $\beta = 37°$.

Fertige eine Skizze an, beschreibe die Situation und berechne alle fehlenden Größen nur mit Hilfe der gegebenen.

## Übung 2

Genau über X-Dorf, das 68 km vom Flughafen in Y-Stadt entfernt liegt, setzt ein Flugzeug mit dem Winkel $\alpha = 5°$ zum Sinkflug an.

Welche Flugstrecke legt das Flugzeug noch bis zu seiner Landung auf dem Flughafen in Y-Stadt zurück?

## Sinus, Kosinus und Tangens im rechtwinkligen Dreieck

Diesen Test solltest du wieder ohne Unterbrechung bearbeiten – und ohne in der Lernhilfe nachzuschlagen. Du solltest dazu nicht länger als 30 Minuten benötigen.

Viel Erfolg!

### Aufgabe 1
Berechne cos 45° ohne Taschenrechner.

### Aufgabe 2

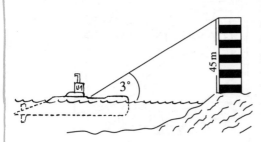

Ein Forschungsunterseeboot peilt von der Wasseroberfläche die 45 m über dem Meeresspiegel liegende Spitze eines Leuchtturmes unter dem Höhenwinkel $\alpha = 3°$ an.
Wie weit ist das Boot vom Fuß des Leuchtturmes entfernt?

### Aufgabe 3
Genau über X-Dorf, das 68 km vom Flughafen in Y-Stadt entfernt liegt, setzt ein Flugzeug mit dem Winkel $\alpha = 5°$ zum Sinkflug an.
In welcher Höhe befindet sich das Flugzeug über X-Dorf?

### Aufgabe 4
Im Dreieck ABC sind gegeben:
$\gamma = 90°$,   a = 4,2 cm,   $\beta = 37°$.
Berechne die unbekannten Seiten und Winkel.

# 5 Die Umkehrungen: $\sin^{-1}$, $\cos^{-1}$ und $\tan^{-1}$

Bisher hast du mit Hilfe der Winkelfunktionen aus gegebenen Winkeln und einer Seite die weiteren unbekannten Seiten berechnet. Einen Winkel konntest du mit dem Innenwinkelsatz aber nur dann berechnen, wenn zwei Winkel des Dreiecks gegeben waren.

$$\begin{array}{l} \text{Seite} \\ \text{Winkel} \end{array} \xrightarrow{\quad \text{Winkelfunktionen} \quad} \text{Seite}$$

$$\begin{array}{l} \text{Winkel} \\ \text{Winkel} \end{array} \xrightarrow{\quad \text{Innenwinkelsatz} \quad} \text{Winkel}$$

In diesem Kapitel wirst du nun lernen, auch aus gegebenen Seiten Winkel zu berechnen.

$$\begin{array}{l} \text{Seite} \\ \text{Seite} \end{array} \xrightarrow{\quad \text{Winkelfunktionen} \quad} \text{Winkel}$$

Sind in einem rechtwinkligen Dreieck zwei Seiten bekannt, so kannst du einen der Quotienten

$$\frac{\text{Gk }\alpha}{\text{Hyp}}, \qquad \frac{\text{Ak }\alpha}{\text{Hyp}}, \qquad \frac{\text{Gk }\alpha}{\text{Ak }\alpha}$$

$$(\sin\alpha) \qquad (\cos\alpha) \qquad (\tan\alpha)$$

berechnen, d.h. *du kennst sin α, cos α oder tan α, aber noch nicht den Winkel α.*

## 5.1 Zeichnerische Ermittlung von $\sin^{-1}$ und $\cos^{-1}$

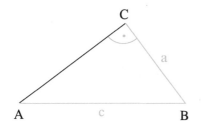

Sind beispielsweise im rechtwinkligen Dreieck ABC mit $\gamma = 90°$ die Seiten a = 4,2 cm und c = 7,0 cm bekannt, so kannst du weder α noch β über den Innenwinkelsatz berechnen.

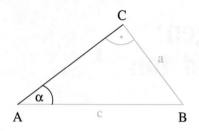

Willst du nun den Winkel α berechnen, so mußt du die gegebene Situation im Hinblick auf den Winkel α beschreiben:

Situation:    $\gamma = 90°$, c ist Hyp, a ist Gk α.

Damit gilt:   $\sin \alpha = \dfrac{Gk\ \alpha}{Hyp} = \dfrac{a}{c} = \dfrac{4,2}{7,0} = 0,6$

Also:         $\sin \alpha = 0,6$

Dir ist nun *sin α bekannt, der Winkel α* aber noch *nicht*.

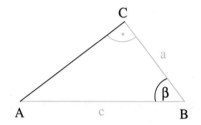

Willst du den Winkel β berechnen, so mußt du die gegebene Situation im Hinblick auf den Winkel β beschreiben:

Situation:    $\gamma = 90°$, c ist Hyp, a ist Ak β.

Damit gilt:   $\cos \beta = \dfrac{Ak\ \beta}{Hyp} = \dfrac{a}{c} = \dfrac{4,2}{7,0} = 0,6$

Also:         $\cos \beta = 0,6$

Dir ist nun auch *cos β bekannt, der Winkel β* aber noch *nicht*.


Der Winkel $\alpha = 60°$ erfüllt nicht die Gleichung $\sin \alpha = 0,6$, denn $\sin 60°$ $= 0,866\ldots$. Auch der Winkel $\alpha = 35°$ erfüllt sie nicht, denn $\sin 35° = 0,573\ldots$. Probierst du nun, weitere Winkelmaße einzusetzen, so könntest du höchstens durch Zufall den gesuchten Winkel α finden.
Die gleichen Versuche könntest du mit $\cos \beta = 0,6$ anstellen, wenn der Winkel β gesucht ist.

 Wie du zum Sinuswert 0,6 bzw. zum Kosinuswert 0,6 den jeweils zugehörigen Winkel schnell und einfach findest, wirst du nun sehen.

Bisher hast du mit Hilfe des Viertelkreises (Einheitskreis) zu einem gegebenen Winkel α den zugehörigen Wert für sin α, bzw. cos α zeichnerisch ermittelt. Mit Hilfe derselben Zeichnung kannst du auch umgekehrt zu einem vorgegebenen Sinus- bzw. Kosinuswert den jeweils zugehörigen Winkel ermitteln.

Noch einmal die Ausgangssituation:
$\sin \alpha = 0,6$, α ist gesucht;
$\cos \beta = 0,6$, β ist gesucht.

| Ermittlung von α mit sin α: | Ermittlung von β mit cos β: |
|---|---|

**1.** Du trägst auf der y-Achse den Wert für sin α ab.

**1.** Du trägst auf der x-Achse den Wert für cos β ab.

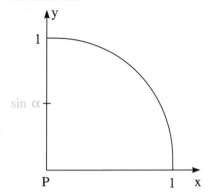 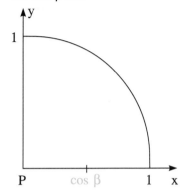

**2.** Nun zeichnest du die Parallele zur x-Achse durch die markierte Stelle auf der y-Achse; sie schneidet den Viertelkreis im Punkt R.

**2.** Dann zeichnest du die Parallele zur y-Achse durch die markierte Stelle auf der x-Achse; sie schneidet den Viertelkreis im Punkt R.

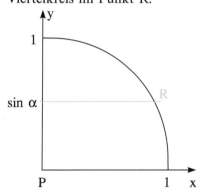 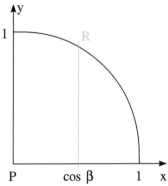

**3.** Die Strecke $\overline{RP}$ bildet mit der x-Achse den gesuchten Winkel α.

**3.** Die Strecke $\overline{RP}$ bildet mit der x-Achse den gesuchten Winkel β.

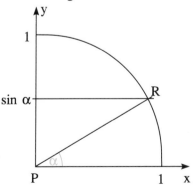 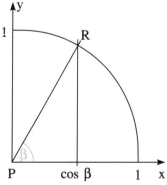

Probe: Die Summe dieser beiden und des gegebenen Winkels γ muß 180° ergeben.

Nun du selbst:

**Übung 1**

a) Ermittle zeichnerisch zu sin α = 0,6 und cos β = 0,6 die zugehörigen Winkel.

b) Ermittle ebenso zu sin α = 0,7 und cos β = 0,7 die zugehörigen Winkel.

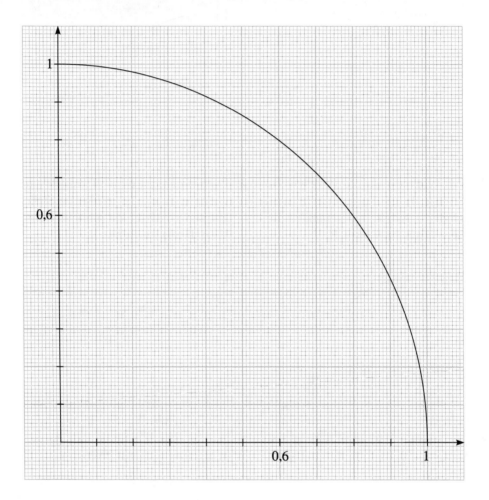

| sin α | 0,6 | 0,7 |
|---|---|---|
| α | | |

| cos β | 0,6 | 0,7 |
|---|---|---|
| β | | |

In diesem Kapitel hast du z.B.

zu sin α = 0,6 den Winkel α ≈ 37° bzw.

zu cos β = 0,6 den Winkel β ≈ 53° zeichnerisch ermittelt.

Normalerweise ermittelt man den Winkel jedoch mit dem Taschenrechner.

## 5.2 Ermittlung von sin⁻¹, cos⁻¹ und tan⁻¹ mit dem Taschenrechner

### ● sin⁻¹ mit dem Taschenrechner

Für die verschiedenen Sinuswerte kannst du die zugehörigen Winkelgrößen direkt aus deinem Taschenrechner abrufen.

> So rufst du zu $\sin \alpha = 0,6$ den zugehörigen Winkel $\alpha$ ab:
> 1. Taschenrechner auf DEG einstellen.
> 2. Eingabe: 0.6.
> 3. Je nach Taschenrechner die Tastenfolge:
>    [INV] [SIN]  oder  [2nd] [SIN].
> 4. Als Ergebnis erscheint: 36.869897...
> Also gilt: $\alpha = 36,87°$  (gerundet).

Das folgende Schaubild macht dir den Zusammenhang zwischen dem Sinus und seiner **Umkehrung (sin⁻¹)** deutlich:

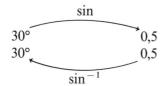

$\sin^{-1} 0,5$ ist derjenige Winkel $\alpha$, für den gilt: $\sin \alpha = 0,5$.
Allgemein:

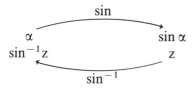

$\sin^{-1} z$ ist derjenige Winkel $\alpha$, für den gilt: $\sin \alpha = z$.

*Anmerkung:* Die Zahl z darf natürlich nicht größer als 1 sein, weil es keinen Winkel $\alpha$ gibt, für den der sin-Wert größer als 1 ist ( → Seite 14). Gibst du in den Taschenrechner eine Zahl > 1 ein und drückst dann die Tastenfolge für sin⁻¹, so erscheint (E)rror.

## ● $\cos^{-1}$ mit dem Taschenrechner

So rufst du zu $\cos \alpha = 0,6$ den zugehörigen Winkel $\alpha$ ab:
1. Taschenrechner auf DEG einstellen.
2. Eingabe: 0.6.
3. Je nach Taschenrechner die Tastenfolge:
   $\boxed{\text{INV}}\ \boxed{\text{COS}}$  oder  $\boxed{\text{2nd}}\ \boxed{\text{COS}}$.
4. Als Ergebnis erscheint: 53.130102...
Also gilt:  $\alpha = 53,13°$  (gerundet).

Der Zusammenhang zwischen dem Kosinus und seiner Umkehrung $\cos^{-1}$ entspricht dem Zusammenhang zwischen dem Sinus und seiner Umkehrung:

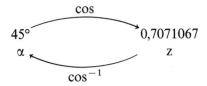

$\cos^{-1} 0,7071067$ ist derjenige Winkel $\alpha$, für den gilt: $\cos \alpha = 0,7071067$.
Allgemein:
$\cos^{-1} z$ ist derjenige Winkel $\alpha$, für den gilt: $\cos \alpha = z$.

*Anmerkung:* Die Zahl z darf auch hier nicht größer als 1 sein, weil es keinen Winkel $\alpha$ gibt, für den der Kosinuswert größer als 1 ist ( → Seite 35).

## ● $\tan^{-1}$ mit dem Taschenrechner

So rufst du zu $\tan \alpha = 0,9$ den zugehörigen Winkel $\alpha$ ab:
1. Taschenrechner auf DEG einstellen.
2. Eingabe: 0.9.
3. Je nach Taschenrechner die Tastenfolge:
   $\boxed{\text{INV}}\ \boxed{\text{TAN}}$  oder  $\boxed{\text{2nd}}\ \boxed{\text{TAN}}$.
4. Als Ergebnis erscheint: 41.987212...
Also gilt:  $\alpha = 41,99°$  (gerundet).

Anders als beim Sinus und beim Kosinus gibt es auch für $z > 1$ einen Winkel $\alpha$ mit $\tan \alpha = z$ ( → Seite 47).
$\tan^{-1} 5$ liefert z.B. den Winkel $\alpha = 78,69°$ (gerundet), d.h. $\tan^{-1} 5 = 78,69°$.

**Beispiel:** Mit dem Taschenrechner ermittelte Winkelgrößen
(Alle Ergebnisse sind auf die erste Stelle hinter dem Komma gerundet.)

| $z$ | 0,2 | 0,4 | 0,7 | 1,2 | 5 |
|---|---|---|---|---|---|
| $\sin^{-1} z$ | 11,5° | 23,6° | 44,4° | E | E |
| $\cos^{-1} z$ | 78,5° | 66,4° | 45,6° | E | E |
| $\tan^{-1} z$ | 11,3° | 21,8° | 35,0° | 50,2° | 78,7° |

### Übung 2

**a)** Ermittle den Winkel $\alpha$ mit dem Taschenrechner. Runde auf die erste Stelle hinter dem Komma.

$\cos \alpha = 0,12 \qquad \alpha = $ _____

$\sin \alpha = 0,45 \qquad \alpha = $ _____

$\tan \alpha = 1,25 \qquad \alpha = $ _____

**b)** Fülle die Tabelle aus. Runde auf die erste Stelle hinter dem Komma.

| $z$ | 0,1 | 0,35 | 0,712 | 12,3 | 4678 |
|---|---|---|---|---|---|
| $\sin^{-1} z$ | | | | | |
| $\cos^{-1} z$ | | | | | |
| $\tan^{-1} z$ | | | | | |

## 5.3 Berechnung von Winkeln aus Seiten

Mit Hilfe von $\sin^{-1}$, $\cos^{-1}$ und $\tan^{-1}$ kannst du nun aus Seiten auch Winkel berechnen. Dies ist immer dann erforderlich, wenn zwei Seiten und nur ein Winkel gegeben sind.

**Beispiel:** Berechnung eines Winkels mit Hilfe von $\cos^{-1}$

Aus Sicherheitsgründen soll der Anstellwinkel einer Leiter zwischen 70° und 75° liegen. Ist eine 6 m lange Leiter vorschriftsmäßig angestellt, wenn ihr Fuß 2,50 m von der Wand entfernt steht?

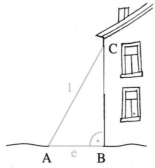

Im Dreieck ABC sind gegeben:
$\beta = 90°$,
$l = 6\,\text{m}$,
$e = 2,50\,\text{m}$.
Gesucht: Anstellwinkel $\alpha$.

Situation: $\beta = 90°$, l ist Hyp, e ist Ak $\alpha$.
Gegeben sind nur ein Winkel und zwei Seiten.

Berechnung: Da Ak $\alpha$ und Hyp bekannt sind, wählt man den Ansatz:

$$\cos\alpha = \frac{\text{Ak }\alpha}{\text{Hyp}} = \frac{e}{l}$$

$$\cos\alpha = \frac{2,5}{6} = 0{,}41666\ldots$$

Da der Kosinuswert nun bekannt ist, erhältst du den gesuchten Winkel über $\cos^{-1}$ mit dem Taschenrechner.
Also: $\alpha = 65{,}38°$ (gerundet)

Antwort: Die Leiter ist nicht vorschriftsmäßig angestellt, da ihr Anstellwinkel 65,38° beträgt und so außerhalb des Sicherheitsbereiches liegt.

### Übung 3

Eine 6 m lange Leiter reicht an einer Hauswand 5,70 m hoch. Liegt der Anstellwinkel im Sicherheitsbereich zwischen 70° und 75°?
Fertige eine Skizze an, beschreibe die Situation und berechne den Anstellwinkel.

Mit diesen Umkehrungen kannst du nun im rechtwinkligen Dreieck zwei weitere Aufgabentypen berechnen.

**Beispiel:** Typ 4

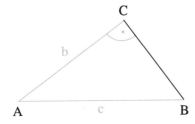

Im Dreieck ABC sind gegeben:
$\gamma = 90°$,
$b = 5$ cm,
$c = 9$ cm.
Gesucht: $\alpha$, $\beta$ und a.

Situation: $\gamma = 90°$, c ist Hyp; b ist Ak $\alpha$ und Gk $\beta$.

**1.** Berechnung von $\alpha$: b (Ak $\alpha$) und c (Hyp) sind bekannt.

$$\cos \alpha = \frac{Ak\,\alpha}{Hyp} = \frac{b}{c}$$

$$\cos \alpha = \frac{5}{9} = 0{,}555\ldots$$

$$\alpha = 56{,}25° \quad \text{(gerundet)}$$

*Anmerkung:* Hier hättest du zuerst auch $\beta$ mit $\sin^{-1}$ berechnen können.

**2.** Berechnung von $\beta$:
Den Winkel $\beta$ kannst du nun mit dem Innenwinkelsatz berechnen.
Der Winkel $\beta$ beträgt $33{,}75°$.

**3.** Berechnung von a:
Mit dem Satz des Pythagoras läßt sich auch die unbekannte Seite a leicht berechnen. Die Kathete a ist 7,48 m lang.

*Anmerkung:* Die Seite a könnte auch mit einer Winkelfunktion berechnet werden. Wir ziehen hier aber die Rechnung mit dem Pythagoras vor, weil wir so nur mit gegebenen Größen rechnen können.

Diesem Aufgabentyp liegt folgender Lösungsweg zugrunde:

### Typ 4

Gegeben: rechter Winkel, eine **Kathete** und die **Hypotenuse**
↓
2. Winkel $\qquad\qquad\qquad\qquad$ $sin^{-1}/cos^{-1}$
↓
3. Winkel $\qquad\qquad\qquad\qquad$ *Innenwinkelsatz*
↓
2. Kathete $\qquad\qquad\qquad\qquad$ *Pyth./Winkelfkt.*

## Übung 4

Im Dreieck ABC sind gegeben: $\gamma = 90°$; c = 8,4 cm; a = 3,2 cm.
Berechne $\alpha$ und $\beta$ mit Hilfe von Winkelfunktionen und benutze den Innenwinkelsatz zur Probe. Berechne dann die Seite b nur mit gegebenen Größen.

**Beispiel:** Typ 5

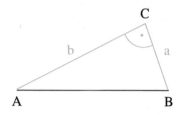

Im Dreieck ABC sind gegeben:
$\gamma = 90°$,
a = 6 cm,
b = 8 cm.
Gesucht: $\alpha$, $\beta$ und c.

Situation: $\gamma = 90°$; a ist Gk $\alpha$ und Ak $\beta$; b ist Ak $\alpha$ und Gk $\beta$.

**1.** Berechnung von $\alpha$: a (Gk $\alpha$) und b (Ak $\alpha$) sind bekannt.

$$\tan \alpha = \frac{Gk\ \alpha}{Ak\ \alpha} = \frac{a}{b}$$

$$\tan \alpha = \frac{6}{8} = 0,75$$

Also: $\alpha = 38,67°$ (gerundet)

**2.** Berechnung von $\beta$ mit dem Innenwinkelsatz:
Der Winkel $\beta$ beträgt 51°.

**3.** Berechnung von c mit dem Satz des Pythagoras:
Die Hypotenuse c ist 10,77 cm lang.

Diesem Aufgabentyp liegt folgender Lösungsweg zugrunde:

### Typ 5

Gegeben: rechter Winkel, **1. Kathete** und **2. Kathete**
↓
2. Winkel          *tan*$^{-1}$
↓
3. Winkel          *Innenwinkelsatz*
↓
Hypotenuse          *Pyth./Winkelfkt.*

In beiden Aufgabentypen kannst du natürlich auch zuerst die dritte Seite mit dem Satz des Pythagoras berechnen und dann die unbekannten Winkel ermitteln.

**Übung 5**

Im Dreieck ABC sind gegeben:

**a)** $\alpha = 90°$    $b = 4,3\,\text{cm}$    $c = 6,8\,\text{cm}$

**b)** $\alpha = 90°$    $a = 7,9\,\text{cm}$    $c = 4,8\,\text{cm}$

Fertige eine Skizze an, beschreibe die Situation und berechne die fehlenden Größen.

**Zusammenfassung:**

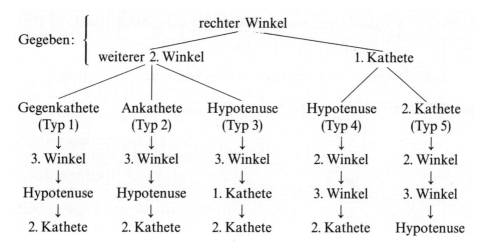

Du siehst: Mit Sinus, Kosinus und Tangens und ihren Umkehrungen kannst du jedes rechtwinklige Dreieck vollständig berechnen, wenn mindestens drei Größen gegeben sind. (Eine der drei gegebenen Größen muß eine Seite sein.)

# 6 Weiterführende Berechnungen an Flächen und Körpern

 ZIEL In diesem Kapitel sollst du zeigen, daß du die Winkelfunktionen und ihre Umkehrungen zur Berechnung von Dreiecksgrößen sicher beherrschst.

## 6.1 Berechnungen an beliebigen Dreiecken durch Zerlegung

**Beispiel:** Berechnungen am gleichschenkligen Dreieck

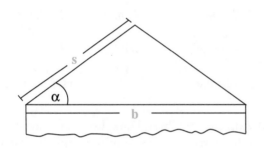

Der Dachquerschnitt eines Hauses ist ein gleichschenkliges Dreieck. Die Breite des Hauses beträgt b = 11 m, die Sparrenlänge s = 6,70 m. Nach dem Bebauungsplan darf die Dachneigung 35° nicht überschreiten.
Entspricht die Dachneigung α dieses Hauses der Bauvorschrift?

Das Dreieck ABC ist *nicht rechtwinklig*. Da du Winkelfunktionen aber bisher nur in rechtwinkligen Dreiecken anwenden kannst, mußt du das Dreieck ABC so *zerlegen*, daß du ein rechtwinkliges Dreieck erhältst. Meistens bietet sich dafür eine der Dreieckshöhen an, da sie senkrecht (rechtwinklig) auf der zugehörigen Grundseite steht.

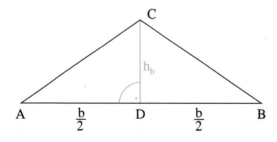

Im gleichschenkligen Dreieck ABC halbiert die Höhe $h_b$ die Basis b. *Das Teildreieck ADC ist rechtwinklig.*

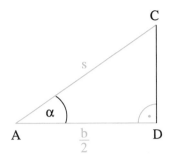

Im Dreieck ADC sind gegeben:

$\delta = 90°$,

$s = 6{,}70\,\text{m}$,

$\frac{b}{2} = 5{,}50\,\text{m}$.

Gesucht: $\alpha$.

Situation:   $\delta = 90°$, s ist Hyp, $\frac{b}{2}$ ist Ak $\alpha$.

Berechnung: Ak $\alpha$ und Hyp sind bekannt.

$$\cos\alpha = \frac{\text{Ak }\alpha}{\text{Hyp}} = \frac{\frac{b}{2}}{s}$$

$$\cos\alpha = \frac{5{,}50}{6{,}70} = 0{,}82089\ldots$$

$$\alpha = 34{,}83° \quad \text{(gerundet)}$$

Antwort:   Die Dachneigung beträgt 34,83°, erfüllt also die Bauvorschrift.

**Übung 1**

Die Seiten einer Stehleiter sind 2,40 m lang. Sie bilden einen Winkel von $\alpha = 43°$. Wie hoch reicht die Leiter?

Fertige zuerst eine Skizze des zugrundeliegenden gleichschenkligen Dreiecks an und zerlege wie im Beispiel.

Die folgenden Dreiecke sind nun nicht mehr gleichschenklig.

**Beispiel:** Berechnung eines Dreiecks durch Zerlegung

● Zerlegung

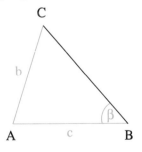

Im Dreieck ABC sind gegeben:

$\beta = 70°$,

$c = 5\,\text{cm}$,

$b = 7{,}5\,\text{cm}$.

Um die Winkelfunktionen für die Berechnung weiterer Größen dieses Dreiecks ABC anwenden zu können, mußt du das Dreieck wieder durch eine geeignete Höhe in zwei rechtwinklige Teildreiecke zerlegen. Welche der drei Höhen ist aber die geeignete?

| Zerlegungshöhe $h_a$ | Zerlegungshöhe $h_b$ | Zerlegungshöhe $h_c$ |
|---|---|---|

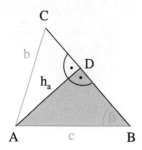 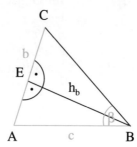 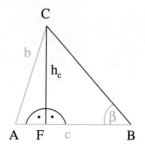

| | | |
|---|---|---|
| Im Teildreieck ABD sind gegeben: rechter Winkel, $\beta$, c. (Drei Größen sind gegeben, daher alle weiteren Größen dieses Teildreiecks berechenbar.) | Im Teildreieck ABE sind gegeben: rechter Winkel, c. (Nur zwei Größen sind gegeben, daher weitere **nicht** berechenbar.) | Im Teildreieck AFC sind gegeben: rechter Winkel, b. (Nur zwei Größen sind gegeben, daher weitere **nicht** berechenbar.) |
| Im Teildreieck ADC sind gegeben: rechter Winkel, b. (Nur zwei Größen sind gegeben, daher weitere **nicht** berechenbar.) | Im Teildreieck EBC sind gegeben: rechter Winkel. (Nur eine Größe ist gegeben, daher weitere **nicht** berechenbar.) | Im Teildreieck FBC sind gegeben: rechter Winkel, $\beta$. (Nur zwei Größen sind gegeben, daher weitere **nicht** berechenbar.) |

Die *Zerlegung* eines Dreiecks durch eine Höhe ist dann *geeignet*, wenn sie ein rechtwinkliges Teildreieck liefert, in dem *drei Größen gegeben* sind.

Im vorliegenden Beispiel mußt du also die Zerlegungshöhe $h_a$ wählen, da in dem entstehenden Teildreieck ABD *drei Größen gegeben* sind.

● Berechnung aller Größen im Teildreieck ABD

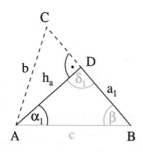

Gegeben:
rechter Winkel bei D: $\delta_1 = 90°$,
$\beta = 70°$,
c = 5 cm.
Gesucht: $\alpha_1$, $a_1$ und $h_a$.

Situation: $\delta_1 = 90°$, c ist Hyp.

**1.** Berechnung von $\alpha_1$ mit dem Innenwinkelsatz:
$$\alpha_1 + \beta + \delta_1 = 180°$$
$$\alpha_1 = 20°$$

**2.** Berechnung von $a_1$ (Ak β) mit Hilfe von cos β:
$$\cos \beta = \frac{\text{Ak } \beta}{\text{Hyp}} = \frac{a_1}{c}$$
$$a_1 = 1{,}71 \quad \text{(gerundet)}$$

**3.** Berechnung von $h_a$ (Gk β) mit Hilfe von sin β:
$$\sin \beta = \frac{\text{Gk } \beta}{\text{Hyp}} = \frac{h_a}{c}$$
$$h_a = 4{,}70 \quad \text{(gerundet)}$$

● Berechnung aller Größen im Teildreieck ADC
Durch die Berechnungen im Teildreieck ABD ist nun im Teildreieck ADC auch $h_a$ bekannt, also sind nun auch hier *drei Größen gegeben*.

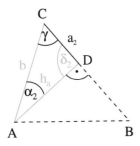

Gegeben:
rechter Winkel bei D: $\delta_2 = 90°$,
b = 7,5 cm,
$h_a = 4{,}70$ cm.
Gesucht: $\alpha_2$, γ und $a_2$.

Situation: $\delta_2 = 90°$, b ist Hyp, $h_a$ ist Ak $\alpha_2$ und Gk γ.

**1.** Berechnung von $\alpha_2$: Ak $\alpha_2$ und Hyp sind bekannt.
$$\cos \alpha_2 = \frac{\text{Ak } \alpha_2}{\text{Hyp}} = \frac{h_a}{b}$$
$$\alpha_2 = 51{,}20° \quad \text{(gerundet)}$$

**2.** Berechnung von γ mit dem Innenwinkelsatz:
$$\alpha_2 + \delta_2 + \gamma = 180°$$
$$\gamma = 38{,}80°$$

**3.** Berechnung von $a_2$ (Ak γ) mit Hilfe von cos γ:
$$\cos \gamma = \frac{\text{Ak } \gamma}{\text{Hyp}} = \frac{a_2}{b}$$
$$a_2 = 5{,}85 \quad \text{(gerundet)}$$

● Berechnung aller Größen im Gesamtdreieck ABC

Nun lassen sich die Größen des Dreiecks ABC leicht berechnen:

$\alpha = \alpha_1 + \alpha_2 = 71{,}20°$  Der Winkel $\alpha$ beträgt 71,20°.

$\gamma = 38{,}80°$  Der Winkel $\gamma$ beträgt 38,80°.

$a = a_1 + a_2 = 7{,}56$  Die Seite a ist 7,56 cm lang.

**Übung 2**

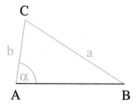

Im Dreieck ABC sind gegeben:
$\alpha = 82°$,
$a = 7\,\text{cm}$,
$b = 5{,}6\,\text{cm}$.
Gesucht: $\gamma$, $\beta$ und c.

Untersuche wie im Beispiel zuerst, welche Höhe eine geeignete Zerlegung liefert und welches Teildreieck zunächst zu berechnen ist. Berechne dann die unbekannten Größen.

## 6.2 Berechnungen an Vierecken

Mit Hilfe der Zerlegungstechnik kannst du auch Seiten und Winkel in Vierecken berechnen. Dein erster Lösungsschritt muß immer darin bestehen, ein geeignetes rechtwinkliges Dreieck zu suchen.

**Beispiel:** Berechnung der Fläche eines Parallelogramms

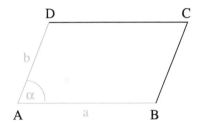

Im Parallelogramm ABCD sind gegeben:
$a = 7\,\text{cm}$,
$b = 5\,\text{cm}$,
$\alpha = 65°$.
Gesucht: Flächeninhalt $F_{\square}$.

Erinnere dich: Die Formel zur Berechnung des Flächeninhalts eines Parallelogramms lautet:

$$F_{\square} = g \cdot h.$$

Dabei ist g die Länge einer Seite und h die Länge der zugehörigen Höhe. Entsprechend gilt hier:

$$F_{\square} = a \cdot h_a.$$

Die Höhe $h_a$ muß noch berechnet werden. Dazu wird $h_a$ so in das Parallelogramm eingezeichnet, daß ein *geeignetes rechtwinkliges Teildreieck* entsteht.

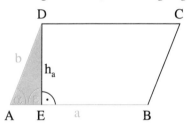

Im rechtwinkligen Teildreieck AED sind gegeben:
rechter Winkel bei E: $\varepsilon = 90°$,
$\alpha = 65°$,
$b = 5\,\text{cm}$.
Gesucht: $h_a$.

Situation: $\varepsilon = 90°$, b ist Hyp.

**1.** Berechnung von $h_a$ (Gk $\alpha$) mit Hilfe von $\sin \alpha$:

$$\sin \alpha = \frac{\text{Gk } \alpha}{\text{Hyp}} = \frac{h_a}{b}$$

$$h_a = b \cdot \sin \alpha = 4,53 \quad \text{(gerundet)}$$

**2.** Berechnung der Fläche F mit Hilfe der Flächenformel:

$$F_{\square} = a \cdot h_a = 31,71$$

Antwort: Der Flächeninhalt des Parallelogramms beträgt $31,71\,\text{cm}^2$.

*Anmerkung:* Setzt du in die Flächenformel nicht den Zahlenwert für $h_a$ ein, sondern den Term $b \cdot \sin \alpha$, so erhältst du eine neue Flächenformel für den Flächeninhalt eines Parallelogramms, nämlich $F_{\square} = a \cdot b \cdot \sin \alpha$ ($a \cdot b \cdot$ Sinus des eingeschlossenen Winkels).

**Übung 3**

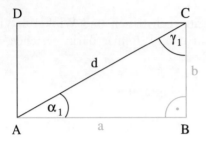

Im Rechteck ABCD sind gegeben:
$a = 4$ cm,
$b = 3$ cm.
Wie groß sind die Winkel $\alpha_1$ und $\gamma_1$, die die Diagonale d mit den Seiten a und b einschließt?

**Beispiel:** Berechnungen an einem Trapez

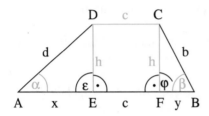

Ein Deich hat zur Meerseite hin den Böschungswinkel $\alpha = 18°$, zur Landseite den Böschungswinkel $\beta = 57°$. Die Höhe des Deiches beträgt $h = 6$ m.
Wie breit ist die Deichsohle $\overline{AB}$, wenn die Deichkrone $c = 3$ m beträgt?

Da $\overline{EF} = c$ bekannt ist, müssen nur noch die Strecken x und y berechnet werden. Sie sind Seiten der rechtwinkligen Dreiecke AED bzw. FBC.

| △**AED rechtwinklig** | △**FBC rechtwinklig** |
|---|---|
| Situation: $\varepsilon = 90°$, d ist Hyp, h ist Gk $\alpha$. | Situation: $\varphi = 90°$, b ist Hyp, h ist Gk $\beta$. |
| Berechnung: x ist Ak $\alpha$. | Berechnung: y ist Ak $\beta$. |
| $\tan \alpha = \dfrac{\text{Gk } \alpha}{\text{Ak } \alpha} = \dfrac{h}{x}$ | $\tan \beta = \dfrac{\text{Gk } \beta}{\text{Ak } \beta} = \dfrac{h}{y}$ |
| $x = 18{,}47$ | $y = 3{,}90$ |

$$\overline{AB} = x + c + y = 25{,}37$$

Antwort: Die Deichsohle $\overline{AB}$ ist 25,37 m breit.

## Übung 4

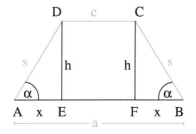

Ein Bahndamm hat die Form eines gleichschenkligen Trapezes mit den Größen:

$a = 12\,\text{m}$,

$c = 8\,\text{m}$,

$s = 3{,}50\,\text{m}$.

Berechne die Höhe h und den Böschungswinkel $\alpha$.

Hinweis: Berechne zuerst x.

## 6.3 Berechnung an regelmäßigen Vielecken

In diesem Kapitel wirst du sehen, wie du Umfang und Flächeninhalt regelmäßiger Vielecke (n-Ecke) berechnen kannst.

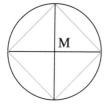

n = 4:
regelmäßiges Viereck

n = 5:
regelmäßiges Fünfeck

n = 6:
regelmäßiges Sechseck

Die Seiten eines *regelmäßigen* n-Ecks sind *gleich lang* und seine Eckpunkte liegen auf einem Kreis. Verbindet man die Eckpunkte mit dem Kreismittelpunkt M, so entstehen gleiche (kongruente) Dreiecke. Jedes solche Dreieck heißt **Bestimmungsdreieck** des regelmäßigen n-Ecks. Jedes Bestimmungsdreieck ist gleichschenklig, da die beiden Schenkel dem Radius des Kreises entsprechen, also gleich lang sind. Für den Winkel $\mu$ an der Spitze (Mittelpunktswinkel) gilt: $\mu = \frac{360°}{n}$.

Man berechnet ein n-Eck, indem man zunächst sein Bestimmungsdreieck berechnet.

**Beispiel:** Berechnung des Umfangs eines Fünfecks

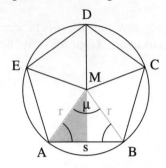

Berechne den Umfang des regelmäßigen Fünfecks, das dem Kreis um M mit dem Radius r = 6 cm einbeschrieben ist.

Für den Mittelpunktswinkel μ des Fünfecks gilt: $\mu = \frac{360°}{5} = 72°$.
Das Bestimmungsdreieck ABM ist gleichschenklig.

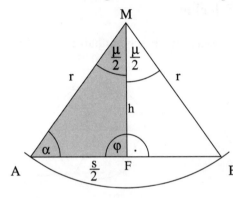

Die Höhe h teilt das Bestimmungsdreieck ABM in zwei gleiche (kongruente) rechtwinklige Teildreiecke.
Also sind im Dreieck AFM gegeben:
rechter Winkel bei F: φ = 90°,
r = 6 cm,

$\frac{\mu}{2} = 36°$.

Gesucht ist zunächst: $\frac{s}{2}$.

Situation:     φ = 90°, r ist Hyp.

Berechnung: $\frac{s}{2}$ ist Gk $\frac{\mu}{2}$.

$$\sin\frac{\mu}{2} = \frac{Gk\,\frac{\mu}{2}}{Hyp} = \frac{\frac{s}{2}}{r}$$

$$\sin 36° = \frac{\frac{s}{2}}{6}$$

$$\frac{s}{2} = 6 \cdot \sin 36° = 3{,}526\ldots$$

$$s = 7{,}05 \quad \text{(gerundet)}$$
$$U = 5 \cdot s = 35{,}25$$

Antwort:     Der Umfang des Fünfecks beträgt 35,25 cm.

### Übung 5
Berechne die Fläche des regelmäßigen Fünfecks im Beispiel oben. Die allgemeine Formel für die Flächenberechnung eines Dreiecks lautet: $F_\triangle = \frac{1}{2}g \cdot h$.

## 6.4 Berechnungen an Körpern

Auch wenn du in einem Körper Seiten und Winkel berechnen willst, mußt du ein geeignetes rechtwinkliges Dreieck in diesem Körper suchen.

**Beispiel:** Berechnungen im Quader

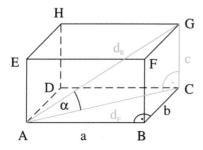

Im nebenstehenden Quader sind gegeben:
$a = 4$ cm,
$b = 3$ cm,
$c = 12$ cm.
Welchen Winkel $\alpha$ schließen die Flächendiagonale $d_F$ und die Raumdiagonale $d_R$ ein?

1. Mit dem Satz des Pythagoras kannst du im rechtwinkligen Dreieck ABC die Flächendiagonale $d_F$ berechnen.
   Daraus ergibt sich: $d_F = 5$ cm.

2. Damit kannst du im rechtwinkligen Dreieck ACG mit dem Satz des Pythagoras die Raumdiagonale $d_R$ berechnen.
   Daraus ergibt sich: $d_R = 13$ cm.

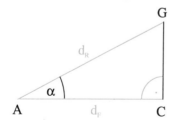

Im rechtwinkligen Dreieck ACG sind damit gegeben:
rechter Winkel bei C: $\gamma = 90°$,
$d_F = 5$ cm,
$d_R = 13$ cm.
Gesucht: $\alpha$.

Situation: $\gamma = 90°$, $d_R$ ist Hyp, $d_F$ ist Ak $\alpha$.

3. Berechnung des Winkels $\alpha$: Ak $\alpha$ und Hyp sind bekannt.

$$\cos \alpha = \frac{\text{Ak } \alpha}{\text{Hyp}} = \frac{d_F}{d_R} = \frac{5}{13} = 0{,}3846\ldots$$

$$\alpha = 67{,}38° \quad \text{(gerundet)}$$

Antwort: Die Flächendiagonale $d_F$ und die Raumdiagonale $d_R$ schließen den Winkel $\alpha = 67{,}38°$ ein.

### Übung 6

Gegeben ist ein Würfel mit der Kantenlänge $a = 8$ cm. Berechne den Winkel $\alpha$, den die Flächendiagonale $d_F$ mit der Raumdiagonalen $d_R$ einschließt.
Fertige zuerst eine Skizze an, bestimme dann die rechtwinkligen Dreiecke und berechne $d_F$ und $d_R$. Berechne dann den Winkel $\alpha$ und formuliere eine Antwort.

## Weiterführende Berechnungen an Flächen und Körpern

Für diesen Test solltest du nicht länger als 30 Minuten benötigen.

Viel Erfolg!

**Aufgabe 1**

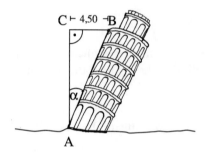

Bei einer Höhe $\overline{AB} = 47\,\text{m}$ ist der Schiefe Turm von Pisa 4,50 m gegen die Senkrechte geneigt.
Welchen Neigungswinkel $\alpha$ hat er gegenüber der Senkrechten?

**Aufgabe 2**

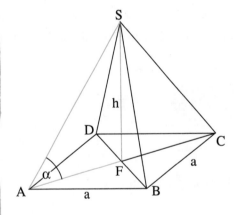

Die Cheopspyramide in Ägypten hat eine quadratische Grundfläche der Seitenlänge $a = 230\,\text{m}$ und eine Höhe h von 137 m.
Berechne den Winkel $\alpha$ zwischen der Diagonalen $\overline{AC}$ und der Seitenkante $\overline{AS}$.
Hinweis: Rechne im rechtwinkligen Dreieck AFS.

**Aufgabe 3**
Im Parallelogramm ABCD sind gegeben:
$\overline{AB} = 7,4\,\text{cm}$ $\qquad \overline{AD} = 4,9\,\text{cm}$ $\qquad \alpha = 23°$
a) Berechne den Flächeninhalt des Parallelogramms.
b) Berechne die Länge der Diagonalen $\overline{BD}$.

# 7 Sinus und Kosinus als Funktionen beliebiger Winkel

Bisher haben wir Sinus- und Kosinuswerte nur für Winkel von 0° bis 90° bestimmt. Mit Hilfe des Einheitskreises im Koordinatensystem läßt sich dieser Definitionsbereich leicht auf Winkel größer als 90° erweitern, wie du sie zum Beispiel von stumpfwinkligen Dreiecken kennst.

## 7.1 Erweiterung von Sinus und Kosinus auf beliebige Winkel

Die Veranschaulichung des Sinus und Kosinus am Einheitskreis hat dir gezeigt:

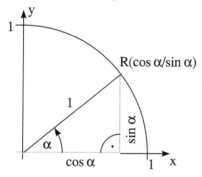

Der Punkt R auf dem Einheitskreis ist durch den Winkel α eindeutig bestimmt.
Für den Punkt R gilt:
Seine x-Koordinate ist cos α,
seine y-Koordinate ist sin α.
Die Koordinaten des Punktes R lassen sich also auch so notieren:
R(cos α | sin α).

Auch für Winkel, die größer als 90° sind, läßt sich der Punkt R so definieren. Nehmen wir z.B. den Winkel 130°:

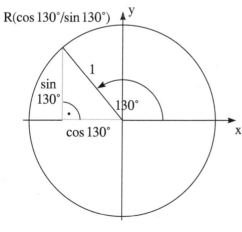

Du siehst:
R liegt hier links von der y-Achse, seine x-Koordinate ist also negativ, d.h. cos 130° ist negativ.
Der Taschenrechner liefert:
cos 130° = −0,6427...

R liegt oberhalb der x-Achse, seine y-Koordinate ist also positiv, d.h. sin 130° ist positiv.
Der Taschenrechner liefert:
sin 130° = 0,7660...

Die Koordinaten von R lauten hier also gerundet: R(−0,64 | 0,77).

**Übung 1**

Trage Sinus und Kosinus des Winkels in die Skizze ein. Formuliere dann wie oben und ermittle cos 212° und sin 212° mit dem Taschenrechner.

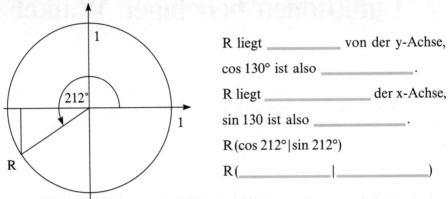

R liegt _____ von der y-Achse,

cos 130° ist also _____.

R liegt _____ der x-Achse,

sin 130 ist also _____.

R(cos 212° | sin 212°)

R(_____ | _____)

Zu *jedem* Winkel α gibt es einen eindeutig bestimmten Punkt P auf dem Einheitskreis.
Für seine x-Koordinate gilt:  x = cos α;
für seine y-Koordinate gilt:  y = sin α.
In Koordinatenschreibweise: R(cos α | sin α)

Am vollständigen Einheitskreis kannst du folgende **Sonderfälle** ablesen:
α = 0°    ergibt R(1|0).    Also: cos 0°  = 1   und sin 0°  = 0.
α = 90°   ergibt R(0|1).    Also: cos 90° = 0   und sin 90° = 1.
α = 180° ergibt R(−1|0).   Also: cos 180° = −1 und sin 180° = 0.

**Übung 2**

Ergänze wie oben und ermittle so die entsprechenden Sinus- und Kosinuswerte.

**a)** α = 270° ergibt _____. Also: cos 270° = _____, sin 270° = _____.

**b)** α = 360° ergibt _____. Also: cos 360° = _____, sin 360° = _____.

Willst du nun α = 390° antragen, bist du nach 360° wieder an der Ausgangsstelle und brauchst nur noch 30° anzutragen. D.h. der durch α = 390° bestimmte Punkt R ist derselbe, wie der durch α = 30° bestimmte.

Ab 360° geht's also wieder von vorne los.

Also gilt:         sin 390° = sin(360° +  30°) = sin 30°
                   cos 390° = cos(360° +  30°) = cos 30°

Entsprechend gilt: sin 470° = sin(360° + 110°) = sin 110°
                   cos 610° = cos(360° + 250°) = cos 250°

$$\sin(360° + α) = \sin α$$
$$\cos(360° + α) = \cos α$$

Da sich die Sinus- und Kosinuswerte nach 360° jeweils wiederholen, nennt man sin und cos **periodisch**. Die Periodenlänge beträgt 360°.

Willst du α = 790° antragen, dann bist du nach 360° zum ersten Mal, nach 720° zum zweiten Mal wieder an der Ausgangsstelle und brauchst dann nur noch 70° anzutragen. Mit dieser Überlegung kannst du jeden Winkel auf einen Winkel zwischen 0° und 360° zurückführen.

**Beispiel:** Zurückführung auf Winkel zwischen 0° und 360°
**a)** $695° = 360° + 335° \quad \rightarrow \quad 335°$
**b)** $1766° = 4 \cdot 360° + 326° \quad \rightarrow \quad 326°$

Für 790° gilt nun: $\sin 790° = \sin(2 \cdot 360° + 70°) = \sin 70°$
$\cos 790° = \cos(2 \cdot 360° + 70°) = \cos 70°$

**Übung 3**
Führe auf einen Winkel zwischen 0° und 360° zurück.

**a)** $927° = $ _____ $\rightarrow$ _____

**b)** $1090° = $ _____ $\rightarrow$ _____

**c)** $3647° = $ _____ $\rightarrow$ _____

Mit Hilfe dieser Zerlegung der Winkel kannst du nun den Sinus- und Kosinuswert jedes Winkels, der größer als 0° ist, zurückführen auf den Sinus- und Kosinuswert eines Winkels zwischen 0° und 360°.

Bisher hast du nur Winkel größer als 0°, also positive Winkel, benutzt. Nun wirst du lernen, die Sinus- und Kosinuswerte auch für negative Winkel zu ermitteln.

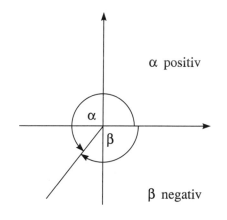

α positiv

β negativ

*Positive* Winkel werden *gegen* den Uhrzeigersinn an die x-Achse angetragen.
*Negative* Winkel werden *mit* dem Uhrzeigersinn angetragen.

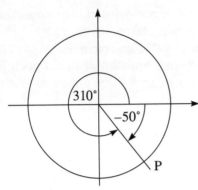

Der Winkel $-50°$ liefert denselben Punkt R wie der Winkel 310°.
Also gilt:
$$\sin(-50°) = \sin(-50° + 360°) = \sin 310°$$
$$\cos(-50°) = \cos(-50° + 360°) = \cos 310°$$

Die Definition: $\sin \alpha = \sin(360° + \alpha)$ und $\cos \alpha = \cos(360° + \alpha)$
gilt also auch für negative Winkel. Damit lassen sich auch die Sinus- und Kosinuswerte negativer Winkel auf die Sinus- und Kosinuswerte von Winkeln zwischen 0° und 360° zurückführen.

**Beispiel:** Zurückgeführte Winkelmaße überprüfen
$$\sin(-112°) = \sin(360° + (-112°)) = \sin 248°$$
Taschenrechner: $\sin(-112°) = -0{,}9271\ldots$
$$\sin 248° \quad = -0{,}9271\ldots$$

**Übung 4**
Führe auf Winkel zwischen 0° und 360° zurück und überprüfe mit dem Taschenrechner.

**a)** $\sin(-231°)$  **b)** $\sin(-304°)$  **c)** $\sin(-370°)$
**d)** $\cos(-261°)$  **e)** $\cos(-294°)$  **f)** $\cos(-470°)$

Da sich die Sinus- und Kosinuswerte beliebiger Winkel zurückführen lassen auf die Sinus- und Kosinuswerte von Winkeln zwischen 0° und 360°, braucht man nur die Sinus- und Kosinuswerte zwischen 0° und 360° zu kennen. Im folgenden werden wir uns daher vor allem für diese Werte interessieren.

## 7.2 Die Graphen der Sinus- und Kosinusfunktion

Im vorigen Kapitel hast du gesehen: Zu jedem Winkel gibt es *genau einen* Sinuswert. Eine solche eindeutige Zuordnung nennt man **Funktion** (Winkelfunktion). Die *eindeutige* Zuordnung $\alpha \mapsto \sin \alpha$ ist also eine Funktion. Man spricht hier von der **Sinusfunktion**.

Entsprechend gilt: Zu jedem Winkel gibt es *genau einen* Kosinuswert. Die *eindeutige* Zuordnung $\alpha \mapsto \cos \alpha$ ist also ebenfalls eine Funktion. Man spricht hier von der **Kosinusfunktion**.

Du wirst nun lernen, die Schaubilder (Graphen) der sin- und cos-Funktion zu zeichnen. Aus der Darstellung des Sinus am Einheitskreis läßt sich der Graph der sin-Funktion ableiten.

● **Vom Einheitskreis zum Graphen der sin-Funktion**

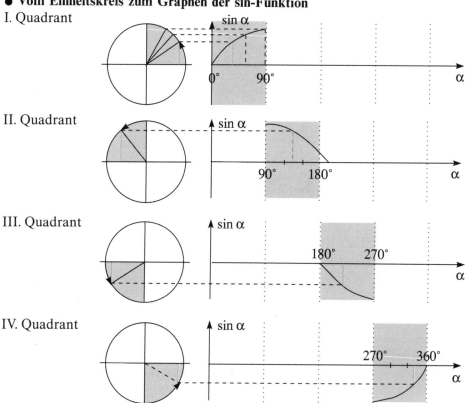

I. Quadrant

II. Quadrant

III. Quadrant

IV. Quadrant

Graph der sin-Funktion für $0° \leq \alpha \leq 360°$:

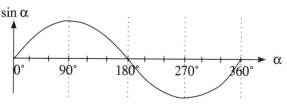

## ● Vom Einheitskreis zum Graphen der cos-Funktion

Auch den Graphen der cos-Funktion kannst du aus der Darstellung des Kosinus am Einheitskreis ableiten.

Dabei mußt du aber beachten: Die Kosinuswerte werden
- am Einheitskreis auf der waagerechten Achse abgelesen,
- beim Graphen aber als Funktionswerte auf der Senkrechten abgetragen.

Dabei werden positive Kosinuswerte nach oben, negative Kosinuswerte nach unten abgetragen.

I. Quadrant
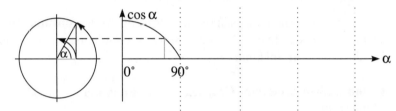

II. Quadrant
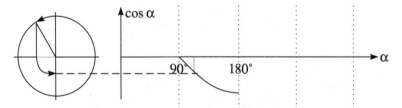

III. Quadrant
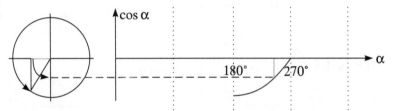

IV. Quadrant
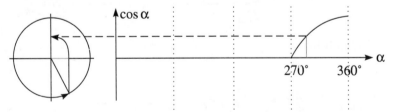

Graph der cos-Funktion für $0° \leq \alpha \leq 360°$:

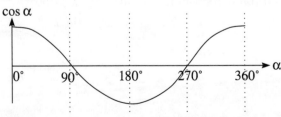

84

## 7.3 Eigenschaften der Sinus- und Kosinusfunktion

### ● Periodizität

Am Einheitskreis hast du gesehen:

$\sin \alpha = \sin(\alpha + 360°) = \sin(\alpha + 2 \cdot 360°) = \ldots = \sin(\alpha + n \cdot 360°)$.

Nach jeweils 360° (Periodenlänge) wiederholen sich also die Werte der sin-Funktion.

Dasselbe gilt auch, wenn man von $\alpha$ Vielfache von 360° subtrahiert:

$\sin \alpha = \sin(\alpha - 360°) = \sin(\alpha - 2 \cdot 360°) = \ldots = \sin(\alpha - n \cdot 360°)$.

Für den Graphen der sin-Funktion bedeutet das, daß sich der Verlauf des Graphen zwischen 0° und 360° nach rechts und links identisch wiederholt:

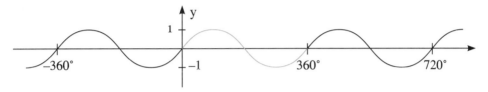

Ganz entsprechend gilt für die cos-Funktion:

$\cos \alpha = \cos(\alpha + 360°) = \cos(\alpha + 2 \cdot 360°) = \ldots = \cos(\alpha + n \cdot 360°)$.
$\cos \alpha = \cos(\alpha - 360°) = \cos(\alpha - 2 \cdot 360°) = \ldots = \cos(\alpha - n \cdot 360°)$.

Auch für den Graphen der cos-Funktion gilt also, daß sich der Verlauf des Graphen zwischen 0° und 360° nach rechts und links identisch wiederholt.

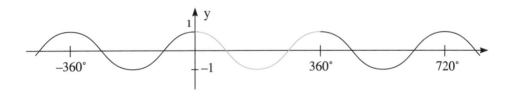

Sin- und cos-Funktion sind periodisch mit der Periodenlänge 360°:

$$\sin \alpha = \sin(\alpha + k \cdot 360°) \quad \text{und} \quad \cos \alpha = \cos(\alpha + k \cdot 360°) \quad k \in \mathbb{Z}$$

### ● Wertebereich

Die sin- und cos-Funktion nehmen jeweils nur Werte zwischen $-1$ und 1 (inklusive) an:

$$-1 \leq \sin \alpha \leq 1 \quad \text{und} \quad -1 \leq \cos \alpha \leq 1$$

## ● Symmetrie

Wenn du bei symmetrischen Figuren die eine Hälfte kennst, so ist dir auch die andere bekannt.

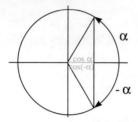

Am Einheitskreis siehst du leicht:
$$\cos(-\alpha) = \cos\alpha$$

Für den Graphen der *cos-Funktion* bedeutet dies, daß er links von 0 genauso verläuft wie rechts von 0, d.h. der Graph ist (achsen)symmetrisch zur senkrechten Achse.

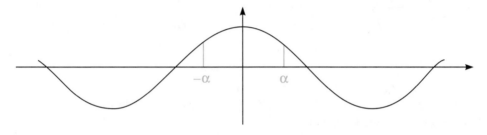

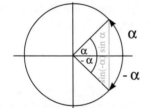

Für die sin-Funktion erkennst du:
$$\sin(-\alpha) = -\sin\alpha$$

Für den Graphen der *sin-Funktion* bedeutet dies, daß er links von 0 genauso verläuft wie rechts von 0, nur mit dem entgegengesetzten Vorzeichen, d.h. der Graph ist (punkt)symmetrisch zum Ursprung.

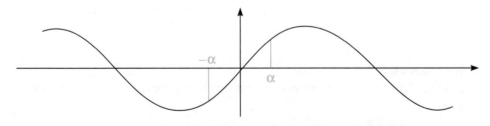

## 7.4 Umrechnungsformeln für Sinus und Kosinus

In den vorigen Kapiteln hast du gelernt, die Sinus- und Kosinuswerte aller Winkel auf die Sinus- und Kosinuswerte von Winkeln zwischen 0° und 360° zurückzuführen.

In diesem Kapitel wirst du sehen, daß sie sogar auf die Sinus- und Kosinuswerte von Winkeln zwischen 0° und 90° zurückgeführt werden können. Graph und Einheitskreis leisten dabei wertvolle Hilfe.

### ● Umrechnung der Sinuswerte

— Winkel zwischen 90° und 180° (II. Quadrant):

Du weißt: Der Sinuswert des Winkels 50° entspricht dem des Winkels 130°. Also läßt sich der Sinuswert des Winkels 130° auch mit seinem Ergänzungswinkel zu 180° bestimmen, denn dieser hat ebenfalls 50°.

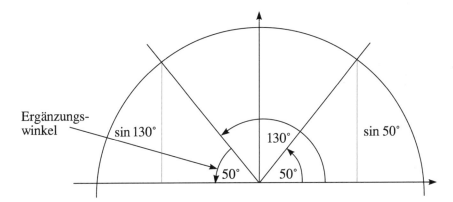

Allgemein gilt:

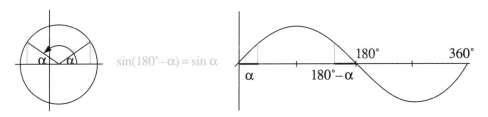

$$\sin 130° = \sin(180° - 50°) = \sin 50°$$
$$\sin 165° = \sin(180° - 15°) = \sin 15°$$

Du siehst: sin 130° wird zurückgeführt auf sin 50°,

    sin 165° wird zurückgeführt auf sin 15°.

Die Sinuswerte von Winkeln zwischen 90° und 180° werden immer auf den *Sinuswert des Ergänzungswinkels zu 180°* zurückgeführt.

− Winkel zwischen 180° und 270° (III. Quadrant):

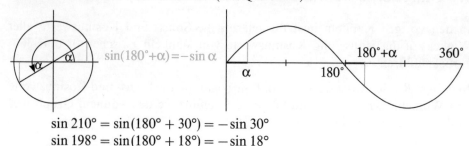

$$\sin 210° = \sin(180° + 30°) = -\sin 30°$$
$$\sin 198° = \sin(180° + 18°) = -\sin 18°$$

Du siehst: Die Sinuswerte von Winkeln zwischen 180° und 270° werden immer auf den *negativen Sinuswert* des Winkels zurückgeführt, der über 180° hinausgeht. D.h. sie werden auf den negativen Wert des *Überschußwinkels zu 180°* zurückgeführt.

− Winkel zwischen 270° und 360° (IV. Quadrant):

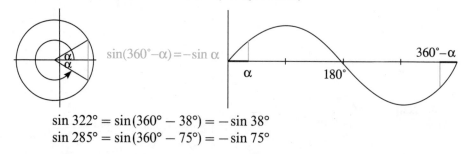

$$\sin 322° = \sin(360° - 38°) = -\sin 38°$$
$$\sin 285° = \sin(360° - 75°) = -\sin 75°$$

Du siehst: Die Sinuswerte von Winkeln zwischen 270° und 360° werden immer auf den *negativen Sinuswert des Ergänzungswinkels zu 360°* zurückgeführt.

**Zusammenfassung:**

Der Graph der sin-Funktion veranschaulicht dir noch einmal die Umrechnungsformeln für die Sinuswerte und das jeweilige Vorzeichen.

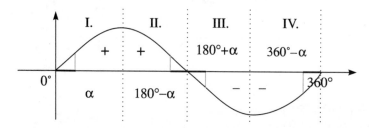

Die Sinuswerte von Winkeln zwischen 90° und 360° werden also immer auf die Sinuswerte der Ergänzungs- bzw. Überschußwinkel, bezogen auf 180° oder 360° (Bezugswinkel), zurückgeführt. Dabei liegen der Ergänzungs- und der Überschußwinkel stets zwischen 0° und 90°.

Das Vorzeichen in der Umrechnungsformel ergibt sich aus dem Verlauf der sin-Funktion: im I. und II. Abschnitt ist es positiv, im III. und IV. negativ.

Bei der Zurückführung der Sinuswerte muß du also
1. den Bezugswinkel bestimmen,
2. den zugehörigen Ergänzungs- bzw. Überschußwinkel berechnen,
3. das Vorzeichen des entsprechenden sin-Abschnitts ermitteln.

**Beispiel:** Zurückführung auf Sinuswerte von Winkeln zwischen 0° und 90°

**a)** $\sin 112°$         Bezugswinkel:       180°
                            Ergänzungswinkel:   68°

$= \sin(180° - 68°)$    Vorzeichen im II. sin-Abschnitt: +
$= \sin 68°$

**b)** $\sin 212°$         Bezugswinkel:       180°
                            Überschußwinkel:    32°

$= \sin(180° + 32°)$    Vorzeichen im III. sin-Abschnitt: −
$= -\sin 32°$

**c)** $\sin 312°$         Bezugswinkel:       360°
                            Ergänzungswinkel:   48°

$= \sin(360° - 48°)$    Vorzeichen im IV. sin-Abschnitt: −
$= -\sin 48°$

**Übung 5**
Führe zurück auf Sinuswerte von Winkeln zwischen 0° und 90°.
Hinweis: Am Graphen der Sinusfunktion kannst du leicht die Vorzeichen der
einzelnen sin-Abschnitte ablesen.

**a)** $\sin 92°$     **b)** $\sin 268°$     **c)** $\sin 308°$     **d)** $\sin 477°$     **e)** $\sin 88°$

● **Umkehrung der Kosinuswerte**
− Winkel zwischen 90° und 180° (II. Quadrant)

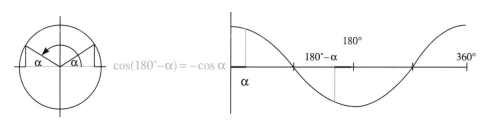

$$\cos 105° = \cos(180° - 75°) = -\cos 75°$$
$$\cos 152° = \cos(180° - 28°) = -\cos 28°$$

Du siehst: Die Kosinuswerte von Winkeln zwischen 90° und 180° werden immer
auf den negativen Kosinuswert des Ergänzungswinkels zu 180° zurückgeführt.

— Winkel zwischen 180° und 270° (III. Quadrant):

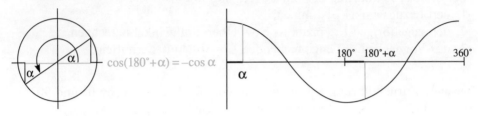

$$\cos 217° = \cos(180° + 37°) = -\cos 37°$$
$$\cos 244° = \cos(180° + 64°) = -\cos 64°$$

Du siehst: Die Kosinuswerte von Winkeln zwischen 180° und 270° werden immer auf den negativen Kosinuswert des Überschußwinkels zu 180° zurückgeführt.

— Winkel zwischen 270° und 360° (IV. Quadrant):

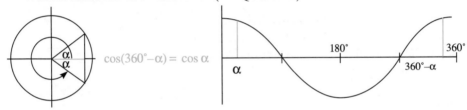

$$\cos 298° = \cos(360° - 62°) = \cos 62°$$
$$\cos 352° = \cos(360° - 8°) = \cos \ 8°$$

Du siehst: Die Kosinuswerte von Winkeln zwischen 270° und 360° werden immer auf den Kosinuswert des Ergänzungswinkels zu 360° zurückgeführt.

**Zusammenfassung:**
Der Graph der Kosinusfunktion veranschaulicht dir noch einmal die Umrechnungsformeln für die Kosinuswerte und das jeweilige Vorzeichen.

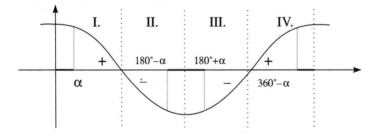

Bei der Zurückführung der Kosinuswerte von Winkeln zwischen 90° und 360° gehst du genauso vor wie bei der Zurückführung der Sinuswerte:

Bei der Zurückführung der Kosinuswerte mußt du
1. den Bezugswinkel bestimmen,
2. den zugehörigen Ergänzungs- bzw. Überschußwinkel berechnen,
3. das Vorzeichen des entsprechenden cos-Abschnitts ermitteln.

**Beispiel:** Zurückführung auf Kosinuswerte von Winkeln zwischen 0° und 90°

**a)** $\cos 112°$　　　　　　　Bezugswinkel:　　　　$180°$
　　　　　　　　　　　　　Ergänzungswinkel:　　$68°$
$= \cos(180° - 68°)$　　Vorzeichen im II. cos-Abschnitt: $-$
$= -\cos 68°$

**b)** $\cos 217°$　　　　　　　Bezugswinkel:　　　　$180°$
　　　　　　　　　　　　　Überschußwinkel:　　$37°$
$= \cos(180° + 37°)$　　Vorzeichen im III. cos-Abschnitt: $-$
$= -\cos 37°$

**c)** $\cos 297°$　　　　　　　Bezugswinkel:　　　　$360°$
　　　　　　　　　　　　　Ergänzungswinkel:　　$63°$
$= \cos(360° - 63°)$　　Vorzeichen im IV. cos-Abschnitt: $+$
$= \cos 63°$

**Übung 6**

Führe zurück auf Kosinuswerte von Winkeln zwischen 0° und 90°.
Hinweis: Am Graphen der Kosinusfunktion kannst du leicht die Vorzeichen der einzelnen cos-Abschnitte ablesen.

**a)** $\cos 200°$　　　　**b)** $\cos 400°$　　　　**c)** $\cos 100°$

In den vorangegangenen Kapiteln hast du gelernt, jeden Sinuswert auf einen Sinuswert eines Winkels zwischen 0° und 90° zurückzuführen.
Du erkennst hieran besonders deutlich, wie symmetrisch die Sinusfunktion aufgebaut ist. Das gleiche gilt für den Kosinus.
Als es noch keine Taschenrechner gab und die Sinuswerte in Tabellen aufgeschrieben werden mußten, war die Zurückführung auch von großer praktischer Bedeutung: Man benötigte nur eine Tabelle von 0° bis 90° und hatte damit bereits alle Winkelfunktionswerte.

## 7.5 Winkel im Bogenmaß

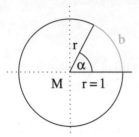

Zu jedem Mittelpunktswinkel $\alpha$ gehört ein eindeutig bestimmter **Bogen b**, dessen Länge vom Radius r und dem Winkel $\alpha$ abhängt. Wählt man den Radius $r = 1$ (Einheitskreis), so hängt die Länge des Bogens b nur noch vom Winkel $\alpha$ ab.

Unter dem **Bogenmaß** des Winkels $\alpha$ versteht man die Maßzahl der Länge des zugehörigen Bogens am Einheitskreis. Das Bogenmaß ist eine reelle Zahl.

Du wirst nun lernen, zu einem im Gradmaß gegebenen Winkel $\alpha$ das Bogenmaß b zu berechnen. Dem Vollwinkel 360° entspricht als Bogen der gesamte Einheitskreis, damit als Bogenmaß der Kreisumfang $2 \cdot \pi \cdot r = 2 \cdot \pi \cdot 1 = 2\pi$.

Hierbei ist $\pi$ die dir bekannte Kreiszahl, eine unendliche Dezimalzahl. Du kannst aus deinem Taschenrechner einen Näherungswert für $\pi$ abrufen. Einige Taschenrechnerfabrikate besitzen eine spezielle Taste für $\pi$, bei anderen mußt du eine Tastenkombination benutzen. Der Taschenrechner liefert:
$\pi = 3{,}141592653\ldots$

$$
\begin{array}{ccll}
\text{Gradmaß} & & \text{Bogenmaß} & \\
360° & \hat{=} & 2\pi = 6{,}28\ldots & \text{(Vollkreis)} \\
180° & \hat{=} & \pi = 3{,}14\ldots & \text{(Halbkreis)} \\
90° & \hat{=} & \dfrac{\pi}{2} = 1{,}57 & \text{(Viertelkreis)}
\end{array}
$$

Das Bogenmaß beliebiger Winkel berechnet man mit Hilfe des Dreisatzes:

Welches Bogenmaß gehört zu $\alpha = 73°$?

$$360° \hat{=} 2\pi$$
$$1° \hat{=} \frac{2\pi}{360}$$
$$73° \hat{=} \frac{2\pi \cdot 73}{360} = 1{,}27$$

Allgemein:
$$360° \hat{=} 2\pi$$
$$1° \hat{=} \frac{2\pi}{360}$$
$$\alpha \hat{=} \frac{2\pi \cdot \alpha}{360}$$

*Anmerkung:* Die Tastenfolge für $\frac{2\pi \cdot 73}{360}$ ist:

$$2 \;\boxed{\times}\;\boxed{\pi}\;\boxed{\times}\; 73 \;\boxed{\div}\; 360 \;\boxed{=}$$

Zum Gradmaß eines Winkels $\alpha$ gehört das Bogenmaß $b = \dfrac{2\pi \cdot \alpha}{360}$

Will man umgekehrt vom Bogenmaß ins Gradmaß umrechnen, benutzt man ebenfalls den Dreisatz:

Welches Gradmaß gehört zum Bogenmaß b = 2,3?

$$2\pi \triangleq 360° \qquad\qquad \text{Allgemein:} \quad 2\pi \triangleq 360°$$

$$1 \triangleq \frac{360°}{2\pi} \qquad\qquad\qquad\qquad 1 \triangleq \frac{360°}{2\pi}$$

$$2,3 \triangleq \frac{360° \cdot 2,3}{2\pi} = 131,78° \qquad\qquad b \triangleq \frac{360° \cdot b}{2\pi}$$

 *Anmerkung:* Die Tastenfolge für $\frac{360° \cdot 2,3}{2\pi}$ ist:

$$360 \boxed{\times} \ 2.3 \ \boxed{\div} \ \boxed{[(} \ 2 \ \boxed{\times} \ \boxed{\pi} \ \boxed{)} \ \boxed{=}$$

> Zum Bogenmaß b eines Winkels gehört das Gradmaß $\alpha = \dfrac{360° \cdot b}{2\pi}$

**Übung 7**
Rechne um ins Bogenmaß mit Hilfe des Dreisatzes.
**a)** $\alpha = 275°$      **b)** $\alpha = 612°$      **c)** $\alpha = -280°$

**Übung 8**
Rechne um ins Gradmaß mit Hilfe des Dreisatzes.

**a)** $b = 2,3$      **b)** $b = \dfrac{\pi}{4}$      **c)** $b = -1,4$

Wir berechnen nun die Werte der sin- und cos-Funktion, wenn der Winkel im Bogenmaß gegeben ist.

Es gilt:
$$\sin 0 \ = \sin 0° \ = 0 \qquad\qquad \cos 0 \ = \cos 0° \ = 1$$
$$\sin \frac{\pi}{2} \ = \sin 90° \ = 1 \qquad\qquad \cos \frac{\pi}{2} \ = \cos 90° \ = 0$$
$$\sin \pi \ = \sin 180° = 0 \qquad\qquad \cos \pi \ = \cos 180° = -1$$
$$\sin \frac{3\pi}{2} \ = \sin 270° = -1 \qquad\qquad \cos \frac{3\pi}{2} \ = \cos 270° = 0$$
$$\sin(2\pi) = \sin 360° = 0 \qquad\qquad \cos(2\pi) = \cos 360° = 1$$

 Beachte: Du kannst mit dem Taschenrechner Sinus-, Kosinus- oder Tangenswerte von Winkeln, die im **Bogenmaß** gegeben sind, direkt abrufen. Dabei mußt du den Taschenrechner immer auf **RAD** einstellen.

**Übung 9**
Berechne mit Hilfe des Taschenrechners. Denke daran: Hier sind die Winkel im Bogenmaß gegeben.
**a)** $\sin 1,3$      **b)** $\sin 3,14$      **c)** $\cos 0,2$      **d)** $\cos 1,57$

## Sinus und Kosinus als Funktionen; Winkel im Bogenmaß

Für diesen Test solltest du nicht länger als 30 Minuten benötigen.

Viel Erfolg!

### Aufgabe 1
Skizziere den Graphen der Sinusfunktion und den der Kosinusfunktion für die Winkel zwischen $-180°$ und $360°$ jeweils in einem Schaubild.

### Aufgabe 2
Führe zurück auf Winkel zwischen 0° und 90 (ohne Taschenrechner).

a) $\sin 128°$      b) $\sin 211°$      c) $\sin 305°$      d) $\sin 435°$

e) $\cos 128°$      f) $\cos 211°$      g) $\cos 305°$      h) $\cos 435°$

### Aufgabe 3
Ergänze die Tabelle.

| Gradmaß | 45° | | 27° | |
|---------|-----|-----|-----|-----|
| Bogenmaß | | $\dfrac{\pi}{6}$ | | $-2{,}4$ |

### Aufgabe 4
Skizziere den Graphen der Kosinusfunktion für Winkel im Bogenmaß zwischen 0 und $2\pi$.

# 8 Berechnungen an beliebigen Dreiecken

Zunächst hast du gelernt, mit Hilfe von Sinus-, Kosinus- und Tangenswerten nur rechtwinklige Dreiecke zu berechnen. Durch Zerlegung in rechtwinklige Teildreiecke wurde dann auch die Berechnung nicht rechtwinkliger Dreiecke möglich. Dieses Verfahren ist recht aufwendig.

 Sinussatz und Kosinussatz bieten dir nun die Möglichkeit, auch ohne Zerlegung beliebige Dreiecke zu berechnen.

Zur Herleitung dieser Sätze bilden wir mit einer Dreieckshöhe aber noch einmal rechtwinklige Teildreiecke.
Das folgende Kapitel ist etwas umfangreicher. Am besten teilst du es dir gleich zu Beginn in Abschnitte ein.

## 8.1 Der Sinussatz

Für die Herleitung des Sinussatzes sehen wir uns das Verhältnis von Seitenlängen und Sinuswerten genauer an. Wir bilden dazu mit der Höhe $h_c$ rechtwinklige Dreiecke. Weil alle Dreiecksformen einbezogen werden sollen, müssen wir unterscheiden, ob die Höhe innerhalb oder außerhalb des Dreiecks liegt.

△ABC spitzwinklig
($h_c$ liegt innerhalb des Dreiecks)

△ABC stumpfwinklig
($h_c$ liegt außerhalb des Dreiecks)

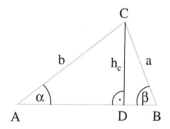

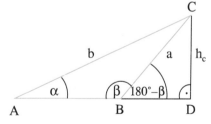

Beachte: $\sin(180° - \beta) = \sin \beta$

| △ADC rechtwinklig | △DBC rechtwinklig | △ADC rechtwinklig | △BDC rechtwinklig |
|---|---|---|---|
| $\sin \alpha = \dfrac{h_c}{b}$ | $\sin \beta = \dfrac{h_c}{a}$ | $\sin \alpha = \dfrac{h_c}{b}$ | $\sin(180° - \beta) = \dfrac{h_c}{a}$ |
| $h_c = b \cdot \sin \alpha$ | $h_c = a \cdot \sin \beta$ | $h_c = b \cdot \sin \alpha$ | $h_c = a \cdot \sin(180° - \beta)$ $= a \cdot \sin \beta$ |
| Also: $\qquad b \cdot \sin \alpha = a \cdot \sin \beta$ | | Also: $\qquad b \cdot \sin \alpha = a \cdot \sin \beta$ | |

In beiden Fällen gilt somit:
$$b \cdot \sin \alpha = a \cdot \sin \beta \quad | : (a \cdot b)$$

$$\frac{\sin \alpha}{a} = \frac{\sin \beta}{b} \tag{1}$$

Du siehst: Der Quotient aus sin $\alpha$ und der gegenüberliegenden Seite a entspricht dem Quotienten aus sin $\beta$ und der gegenüberliegenden Seite b.

Ganz entsprechend liefert die Zerlegung in zwei Teildreiecke durch die Höhe $h_a$:

$$\frac{\sin \beta}{b} = \frac{\sin \gamma}{c} \tag{2}$$

Aus $\quad \dfrac{\sin \alpha}{a} = \dfrac{\sin \beta}{b} \quad$ und $\quad \dfrac{\sin \beta}{b} = \dfrac{\sin \gamma}{c} \quad$ folgt auch:

$$\frac{\sin \alpha}{a} = \frac{\sin \gamma}{c} \tag{3}$$

Diese drei Gleichungen faßt man kurz zusammen zum **Sinussatz**:

> Für jedes Dreieck gilt: $\quad \dfrac{\sin \alpha}{a} = \dfrac{\sin \beta}{b} = \dfrac{\sin \gamma}{c}$

Sind in einem Dreieck zum Beispiel a, $\gamma$ und c gegeben, so wählst du, um $\alpha$ zu berechnen, die Gleichung $\frac{\sin \alpha}{a} = \frac{\sin \gamma}{c}$.

In dieser Gleichung sind nämlich drei Größen bekannt, du kannst also die vierte Größe berechnen.

Damit du eine der drei Gleichungen des Sinussatzes anwenden kannst, mußt du drei der darin vorkommenden Größen kennen. Dir muß also die linke oder die rechte Seite der Gleichung vollständig bekannt sein, d.h. das Paar (a, sin $\alpha$) oder (b, sin $\beta$) oder (c, sin $\gamma$).

> Du kannst den **Sinussatz** anwenden, wenn eine Seite und ihr gegenüberliegender Winkel, d.h. *ein Paar gegenüberliegender Größen* gegeben ist.

Untersuche also zunächst immer, ob dir ein solches Paar gegenüberliegender Größen bekannt ist, und entscheide dann, welche Größe du berechnen kannst.

**Beispiel:** Ansatz zur Berechnung einer Dreiecksgröße mit dem Sinussatz

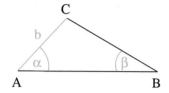

Im Dreieck ABC sind gegeben:
$\alpha = 43°$, $\beta = 28°$, $b = 4,9$ cm.
Gesucht: a, c, $\gamma$.

Situation: Das Paar (b, $\beta$) und $\alpha$ sind bekannt.

**1.** Du kannst jetzt a berechnen mit Hilfe der Gleichung:

$$\frac{\sin \alpha}{a} = \frac{\sin \beta}{b}.$$

Da in dieser Gleichung nur a noch unbekannt ist, muß sie also nur noch nach a hin aufgelöst werden. Durch die Berechnung von a wird auch das Paar (a, $\alpha$) bekannt (Paarergänzung).

**2.** Wolltest du c berechnen, so müßtest du folgende Gleichung benutzen:

$$\frac{\sin \gamma}{c} = \frac{\sin \beta}{b}.$$

In dieser Gleichung ist neben c aber auch $\gamma$ unbekannt, du kannst in diesem Falle also c *nicht direkt* mit dem Sinussatz berechnen.

**3.** Entsprechendes gilt auch für den Versuch, $\gamma$ zu berechnen.

Du siehst:
Mit dem Sinussatz kannst du nur eine Größe direkt berechnen, nämlich die jeweilige **Paarergänzung**.

*Anmerkung:* Natürlich kann man den Sinussatz auch in der *Kehrwertform* schreiben:

$$\frac{a}{\sin \alpha} = \frac{b}{\sin \beta} = \frac{c}{\sin \gamma}$$

Um den Rechenaufwand gering zu halten, wähle stets diejenige Form des Sinussatzes, bei der die zu berechnende Größe im Zähler des ersten Bruches (oben links) steht.

## Übung 1

**a)**

Skizze:

Im Dreieck ABC sind gegeben:
$\alpha = 72°$, $\gamma = 37°$, $a = 6{,}2\,\text{cm}$.
Fertige eine Skizze an, beschreibe die Situation und notiere den Ansatz zur direkten Berechnung von c.

Situation:

Ansatz:

**b)**

Skizze:

Im Dreieck ABC sind gegeben:
$\beta = 84°$, $b = 12{,}3\,\text{cm}$, $c = 8{,}1\,\text{cm}$.
Fertige eine Skizze an, beschreibe die Situation und den günstigsten Ansatz zur direkten Berechnung von $\gamma$.

Situation:

Ansatz:

**c)**

Skizze:

Im Dreieck ABC sind gegeben:
$\beta = 64°$, $b = 12\,\text{cm}$, $c = 5{,}1\,\text{cm}$.
Fertige eine Skizze an, beschreibe die Situation und entscheide, ob du a oder $\alpha$ direkt mit dem Sinussatz berechnen kannst.

Situation:

● **Eine Seite und zwei Winkel (WSW oder SWW) sind gegeben**

Kennst du im Dreieck ABC die drei Größen α, β und c, so ist dir kein Paar gegenüberliegender Größen gegeben. Du kannst den Sinussatz also nicht direkt anwenden.

Da du aber zwei Winkel im Dreieck kennst, kannst du den dritten Winkel γ mit Hilfe des Innenwinkelsatzes berechnen. Dann kannst du den Sinussatz mit dem Paar (c, γ) anwenden.

Denke auch hier daran: Sind in einem Dreieck zwei Winkel gegeben, dann berechne zunächst immer den dritten Winkel mit dem Innenwinkelsatz!

**Beispiel:** Anwendung des Sinussatzes im Fall WSW

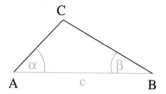

Im Dreieck ABC sind gegeben:
α = 54°, β = 23°, c = 2,8 cm.
Berechne die unbekannten Seiten und Winkel.

Situation: WSW, kein Paar gegenüberliegender Größen ist gegeben.

**1.** Berechnung von γ mit dem *Innenwinkelsatz*:
$$54° + 23° + \gamma = 180°$$
$$\gamma = 103°$$
Der Winkel γ beträgt 103°.

**2.** Berechnung von a mit dem *Sinussatz*: Das Paar (c, γ) und α sind bekannt.

$$\frac{a}{\sin \alpha} = \frac{c}{\sin \gamma}$$

$$\frac{a}{\sin 54°} = \frac{8,2}{\sin 103°} \quad | \cdot \sin 54°$$

$$a = \frac{8,2 \cdot \sin 54°}{\sin 103°} = 6,81$$

Die Seite a ist 6,81 cm lang.

**3.** Berechnung von b mit dem *Sinussatz*: Das Paar (c, γ) und β sind bekannt.

$$\frac{b}{\sin \beta} = \frac{c}{\sin \gamma}$$

$$\frac{b}{\sin 23°} = \frac{8,2}{\sin 103°} \quad | \cdot \sin 23°$$

$$b = \frac{8,2 \cdot \sin 23°}{\sin 103°} = 3,29$$

Die Seite b ist 3,29 cm lang.

Sind in einem Dreieck zwei Winkel und eine Seite gegeben (Grundkonstruktion *WSW* oder *SWW*), so kannst du mit dem *Innenwinkelsatz* und dem *Sinussatz* die unbekannten Größen berechnen.

## Übung 2

Im Dreieck ABC sind gegeben: b = 4,6 cm, α = 63°, γ = 72°.
Berechne die unbekannten Seiten und Winkel.

● **Zwei Seiten und ein Winkel (SSW oder SWS) sind gegeben**

Sind in einem Dreieck zwei Seiten und ein Winkel gegeben, so ist die Lösung nicht ganz so einfach.

### — SSW

Wir betrachten zunächst den Fall SSW, zwei Seiten und ein nicht eingeschlossener Winkel sind gegeben. Dabei können fünf unterschiedliche Situationen auftreten. Wir erläutern sie für den Fall, daß a, c und α die drei gegebenen Größen sind.

Erinnere dich an die Grundkonstruktion SSW. Man zeichnet zunächst c mit den Endpunkten A und B. An c in A wird der Winkel α angetragen. Dann wird der Kreis mit dem Mittelpunkt B und dem Radius a gezeichnet. C ist der Schnittpunkt dieses Kreises mit dem freien Schenkel des Winkels α. Je nachdem, wie groß a ist, wird dabei der freie Schenkel des Winkels α unterschiedlich oft geschnitten.

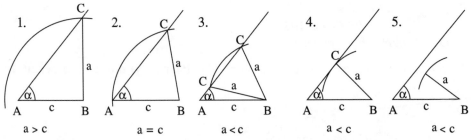

Der gegebene Winkel liegt der *größeren* der gegebenen Seiten gegenüber.

Der gegebene Winkel liegt der *kleineren* der gegebenen Seiten gegenüber.

*eine* Lösung     *eine* Lösung     *zwei* Lösungen     *eine* Lösung     *keine* Lösung

Du siehst: Es kann für den Punkt C zwei, eine oder keine Lösung geben. Aus demselben Grund kann es auch für den gesuchten Winkel γ zwei, eine oder keine Lösung geben. Auf jeden Fall gibt es genau eine Lösung, wenn der gegebene Winkel der größeren der beiden gegebenen Seiten gegenüberliegt.

**Beispiele:** Anwendung des Sinussatzes im Fall SSW

● α liegt der kleineren der gegebenen Seiten gegenüber

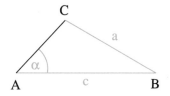

Im Dreieck ABC sind gegeben:
a = 4 cm, c = 5,7 cm, α = 43°.
Berechne γ.

Situation: SSW. Das Paar (a, α) und c sind bekannt.

Berechnung von γ mit dem Sinussatz:

$$\frac{\sin \gamma}{c} = \frac{\sin \alpha}{a}$$

$$\frac{\sin \gamma}{5,7} = \frac{\sin 43°}{4} \quad | \cdot 5,7$$

$$\sin \gamma = \frac{5,7 \cdot \sin 43°}{4} = 0{,}9718476\ldots$$

Erinnere dich: Für den Sinuswert 0,9718476... (positiv) gibt es zwischen 0° und 180° *zwei* zugehörige Winkel $\gamma_1$ und $\gamma_2$. Der Taschenrechner liefert mit $\boxed{\text{INV}}$ $\boxed{\text{SIN}}$ den kleineren Winkel $\gamma_1 = 76{,}4°$. Den größeren Winkel $\gamma_2$ mußt du berechnen mit: $\gamma_2 = 180° - \gamma_1 = 103{,}6°$ (→ Seite 87).

Weil gilt: $\alpha + \gamma_1 < 180°$, sind *beide Lösungen möglich* (→ Situation 3 auf Seite 100).

● α liegt der kleineren der gegebenen Seiten gegenüber

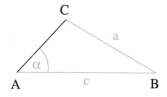

Im Dreieck ABC sind gegeben:
a = 4,1 cm, c = 5,7 cm, α = 65°.
Berechne γ.

Situation: SSW. Das Paar (a, α) und c sind bekannt.

Berechnung von γ mit dem Sinussatz:

$$\frac{\sin \gamma}{c} = \frac{\sin \alpha}{a}$$

$$\frac{\sin \gamma}{5,7} = \frac{\sin 65°}{4,1} \quad | \cdot 5,7$$

$$\sin \gamma = \frac{5,7 \cdot \sin 65°}{4,1} = 1{,}2599889\ldots$$

Der Taschenrechner liefert: E(rror), d.h. es gibt *keine Lösung* für γ, da sin γ größer als 1 ist. (→ Situation 5 auf Seite 100)

● $\alpha$ liegt der größeren der gegebenen Seiten gegenüber

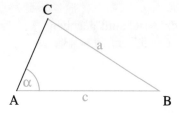

Im Dreieck ABC sind gegeben:
$a = 5{,}7\,\text{cm}$, $c = 3{,}8\,\text{cm}$, $\alpha = 87°$.
Berechne $\gamma$.

Situation: SSW. Das Paar $(a, \alpha)$ und $c$ sind bekannt.

Berechnung von $\gamma$ mit dem Sinussatz:

$$\frac{\sin \gamma}{c} = \frac{\sin \alpha}{a}$$

$$\frac{\sin \gamma}{3{,}8} = \frac{\sin 87°}{5{,}7} \quad | \cdot 3{,}8$$

$$\sin \gamma = \frac{3{,}8 \cdot \sin 87°}{5{,}7} = 0{,}665753\ldots$$

Der Taschenrechner liefert:

$\gamma_1 = 41{,}7°$.
$\alpha + \gamma_1 < 180°$, d.h. $\gamma_1$ *ist Lösung.*
$\gamma_2 = 180° - \gamma_1 = 138{,}3°$
$\alpha + \gamma_1 > 180°$, d.h. $\gamma_2$ *entfällt als Lösung.*

Nur der Winkel $\gamma_1 = 41{,}7°$ ist Lösung.

> Berechnest du in einem Dreieck mit dem Sinussatz über $\boxed{\text{INV}}$ $\boxed{\text{SIN}}$ einen Winkel $\varphi$, so liefert der Taschenrechner eine *mögliche* Lösung $\varphi_1$.
> Der Winkel $\varphi_2 = 180° - \varphi_1$ ist dann eine *weitere mögliche* Lösung.
> Prüfe in beiden Fällen, ob der jeweilige Winkel als Lösung in Frage kommt, d.h., ob der gegebene und der berechnete Winkel zusammen kleiner als 180° sind.

### Übung 3

Im Dreieck ABC sind gegeben: $b = 10\,\text{cm}$, $a = 5\,\text{cm}$, $\beta = 72°$.
Fertige eine Skizze an, beschreibe die Situation und berechne $\alpha$. Wie viele Lösungen gibt es für $\alpha$?

**Beispiel:** Vollständige Berechnung für den Fall SSW

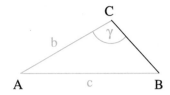

Im Dreieck ABC sind gegeben:
b = 5,2 cm, c = 7,4 cm, γ = 51°.
Berechne die unbekannten Größen.

Situation: SSW. Das Paar (c, γ) und b sind bekannt.

**1.** Berechnung von β mit dem *Sinussatz*:

$$\frac{\sin \beta}{b} = \frac{\sin \gamma}{c}$$

$$\frac{\sin \beta}{5,2} = \frac{\sin 51°}{7,4} \quad | \cdot 5,2$$

$$\sin \beta = \frac{5,2 \cdot \sin 51°}{7,4} = 0,5461026\ldots$$

Der Taschenrechner liefert:

$\beta_1 = 33,1°$
$\beta_1 + \gamma < 180°$, d.h. $\beta_1$ ist Lösung.
$\beta_2 = 180° - \beta_1 = 146,9°$
$\alpha + \beta_2 > 180°$, d.h. $\beta_2$ entfällt als Lösung.
Der Winkel β beträgt 33,1°.

**2.** Berechnung von α mit dem *Innenwinkelsatz*:

$$\alpha + 33,1° + 51° = 180°$$
$$\alpha = 95,9°$$

Der Winkel α beträgt 95,9°.

**3.** Berechnung von a mit dem *Sinussatz*: Das Paar (c, γ) und α sind bekannt.

$$\frac{a}{\sin \alpha} = \frac{c}{\sin \gamma}$$

$$\frac{a}{\sin 95,9°} = \frac{7,4}{\sin 51°} \quad | \cdot \sin 95,9°$$

$$a = \frac{7,4 \cdot \sin 95,9°}{\sin 51°} = 9,47 \quad \text{(gerundet)}$$

Die Seite a ist 9,47 cm lang.

**Übung 4**

Im Dreieck ABC sind gegeben:
**a)** a = 3 cm     b = 5 cm     β = 20°
**b)** c = 9 cm     a = 7 cm     α = 60°
Fertige eine Skizze an, beschreibe die Situation und berechne alle unbekannten Größen.

**– SWS**

Auch in diesem Fall sind zwei Seiten und ein Winkel gegeben, der gegebene Winkel wird aber von den gegebenen Seiten eingeschlossen: b, α, c oder c, β, a oder a, γ, b.

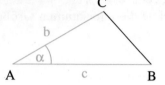

Sind zum Beispiel b, α und c gegeben, so ist der *Sinussatz nicht anwendbar*, denn:

1. Es ist kein Paar gegenüberliegender Größen gegeben;
2. du kannst mit den bisher bekannten Mitteln weder die dritte Seite noch einen der unbekannten Winkel berechnen, um für die Anwendung des Sinussatzes ein Paar gegenüberliegender Größen zu erhalten.

● **Drei Seiten (SSS) sind gegeben**

Sind dir in einem Dreieck *drei Seiten gegeben*, so ist der *Sinussatz nicht anwendbar*, denn:
1. Es ist kein Paar gegenüberliegender Größen gegeben;
2. du kannst mit den bisher bekannten Mitteln keinen der drei unbekannten Winkel berechnen, um für die Anwendung des Sinussatzes ein Paar gegenüberliegender Größen zu erhalten.

● **Drei Winkel (WWW) sind gegeben**

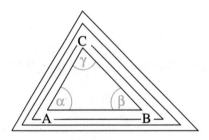

Sind in einem Dreieck drei Winkel gegeben, so ist das Dreieck nicht eindeutig bestimmt; es gibt in diesem Fall sogar unendlich viele verschiedene Dreiecke mit diesen drei Winkeln.

---

Den **Sinussatz** kannst du zur Berechnung von Dreiecken anwenden, wenn ein *Paar gegenüberliegender Größen* gegeben ist oder berechnet werden kann.

Die folgende Übersicht veranschaulicht dir noch einmal die Anwendungsmöglichkeiten des Sinussatzes:

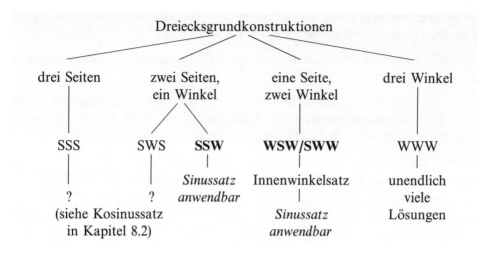

Dreiecksgrundkonstruktionen

| drei Seiten | zwei Seiten, ein Winkel | | eine Seite, zwei Winkel | drei Winkel |
|---|---|---|---|---|
| SSS | SWS | **SSW** | **WSW/SWW** | WWW |
| ? | ? | *Sinussatz anwendbar* | Innenwinkelsatz | unendlich viele Lösungen |
| (siehe Kosinussatz in Kapitel 8.2) | | | *Sinussatz anwendbar* | |

## 8.2 Der Kosinussatz

Sind in einem Dreieck drei Seiten (SSS) oder zwei Seiten und der eingeschlossene Winkel (SWS) gegeben, so kannst du den Sinussatz nicht anwenden, da dir kein Paar gegenüberliegender Größen bekannt ist.

In diesen Fällen bietet dir der Kosinussatz die Möglichkeit, eine Dreiecksgröße zu berechnen.

Zur Herleitung des Kosinussatzes bilden wir — wie schon beim Sinussatz — mit einer Dreieckshöhe zunächst wieder rechtwinklige Dreiecke. Dabei müssen wir wieder unterscheiden, ob die Höhe innerhalb des Dreiecks oder außerhalb liegt.

$\triangle$ABC spitzwinklig
($h_c$ liegt innerhalb des Dreiecks)

$\triangle$ABC stumpfwinklig
($h_c$ liegt außerhalb des Dreiecks)

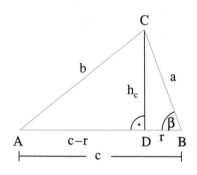

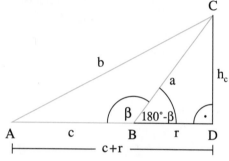

Beachte: $\cos(180° - \beta) = -\cos \beta$

$\triangle$ADC ist rechtwinklig:
$$b^2 = h_c^2 + (c - r)^2 \quad \text{(Pythagoras)}$$
$$b^2 = h_c^2 + c^2 - 2cr + r^2 \quad \text{(bin. Formel)}$$

$\triangle$ADC ist rechtwinklig:
$$b^2 = h_c^2 + (c + r)^2$$
$$b^2 = h_c^2 + c^2 + 2cr + r^2$$

$\triangle$DBC ist rechtwinklig:
$$a^2 = h_c^2 + r^2 \quad \text{(Pythagoras)}$$
Also: $h_c^2 = a^2 - r^2$

$\triangle$BDC ist rechtwinklig:
$$a^2 = h_c^2 + r^2$$
Also: $h_c^2 = a^2 - r^2$

$$b^2 = a^2 - r^2 + c^2 - 2cr + r^2 \quad \text{(eingesetzt)}$$
$$b^2 = a^2 + c^2 - 2cr$$

$$b^2 = a^2 - r^2 + c^2 + 2cr + r^2$$
$$b^2 = a^2 + c^2 + 2cr$$

$\triangle$DBC ist rechtwinklig:
$$\cos \beta = \frac{r}{a}$$
Also: $r = a \cdot \cos \beta$

$\triangle$BDC ist rechtwinklig:
$$\cos(180° - \beta) = \frac{r}{a}$$
$$r = a \cdot \cos(180° - \beta)$$
Also: $r = a \cdot (-\cos \beta)$

In beiden Fällen gilt somit:

$$b^2 = a^2 + c^2 - 2ac \cdot \cos \beta \quad \text{(eingesetzt)} \qquad b^2 = a^2 + c^2 - 2ac \cdot \cos \beta$$

**106**

Entsprechendes liefert die Zerlegung in zwei Teildreiecke für $a^2$ und $c^2$.
Der **Kosinussatz** besteht aus folgenden drei Beziehungen:

Für jedes Dreieck ABC gilt:

**1.** $b^2 = a^2 + c^2 - 2\,a\,c \cdot \cos\beta$      β wird von a und c eingeschlossen, bzw. β liegt b gegenüber.

**2.** $a^2 = b^2 + c^2 - 2\,b\,c \cdot \cos\alpha$      α wird von b und c eingeschlossen, bzw. α liegt a gegenüber.

**3.** $c^2 = a^2 + b^2 - 2\,a\,b \cdot \cos\gamma$      γ wird von a und b eingeschlossen, bzw. γ liegt c gegenüber.

Der Kosinussatz ist einfacher aufgebaut, als man im ersten Moment meint und daher recht leicht zu merken:

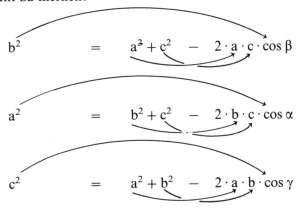

$$b^2 \quad = \quad a^2 + c^2 \quad - \quad 2 \cdot a \cdot c \cdot \cos\beta$$

$$a^2 \quad = \quad b^2 + c^2 \quad - \quad 2 \cdot b \cdot c \cdot \cos\alpha$$

$$c^2 \quad = \quad a^2 + b^2 \quad - \quad 2 \cdot a \cdot b \cdot \cos\gamma$$

Der erste Teil des Kosinussatzes entspricht dem Satz des Pythagoras.

Im zweiten Teil kommen als Faktoren vor:
— die beiden Dreiecksseiten rechts vom Gleichheitszeichen,
— der cos des Winkels, der der Dreiecksseite links vom Gleichheitszeichen gegenüberliegt.

**Übung 5**

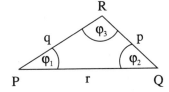

Formuliere die drei Gleichungen des Kosinussatzes für das nebenstehende Dreieck.

Damit du eine der Gleichungen des Kosinussatzes anwenden kannst, mußt du von den darin vorkommenden vier Größen (drei Seiten und ein Winkel) drei kennen. Du mußt also entweder drei Seiten oder zwei Seiten und einen Winkel kennen.

 Welche Größe du in der jeweiligen Situation mit Hilfe des Kosinussatzes direkt berechnen kannst, siehst du im folgenden Einführungsbeispiel.

**Beispiel:** Ansatz zur Berechnung einer Dreiecksgröße mit dem Kosinussatz

● SWS

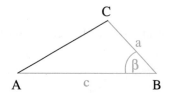

Im Dreieck ABC sind gegeben:
$a = 4{,}2\,\text{cm}$, $c = 5{,}7\,\text{cm}$, $\beta = 62°$.
Gesucht: $b$, $\alpha$ und $\gamma$.

Situation: $a$ und $c$ schließen $\beta$ ein (SWS); kein Paar gegenüberliegender Größen ist gegeben.

1. Willst du $b$ berechnen, so kannst du nur folgende Gleichung benutzen:
$$b^2 = a^2 + c^2 - 2ac \cdot \cos \beta.$$
In dieser Gleichung ist nur noch $b$ unbekannt, du kannst also $b$ mit dem Kosinussatz berechnen.

2. Willst du $\alpha$ berechnen, so kannst du nur folgende Gleichung benutzen:
$$a^2 = b^2 + c^2 - 2bc \cdot \cos \alpha.$$
In dieser Gleichung ist neben $\alpha$ aber auch $b$ unbekannt. Du kannst in diesem Fall also $\alpha$ nicht direkt mit dem Kosinussatz berechnen.

3. Willst du $\gamma$ berechnen, so kannst du nur folgende Gleichung benutzen:
$$c^2 = a^2 + b^2 - 2ab \cdot \cos \gamma.$$
In dieser Gleichung ist neben $\gamma$ aber auch $b$ unbekannt. Du kannst in diesem Fall also $\gamma$ nicht direkt mit dem Kosinussatz berechnen.

> Im Fall *SWS* kannst du mit dem *Kosinussatz* direkt nur eine Seite berechnen, und zwar diejenige, die dem bekannten Winkel gegenüberliegt (Paarergänzung).

**Übung 6**
Im Dreieck ABC sind gegeben: $b = 5\,\text{cm}$, $c = 3\,\text{cm}$, $\beta = 40°$.
Welche der drei unbekannten Größen kannst du mit dem Kosinussatz direkt berechnen? Gib auch den Ansatz an.

● SSS

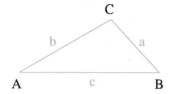

Im Dreieck ABC sind gegeben:
a = 5 cm, b = 6 cm, c = 7,9 cm.
Gesucht: α, β und γ.

Situation: SSS; kein Paar gegenüberliegender Größen ist gegeben.

Willst du α berechnen, so kannst du nur folgende Gleichung benutzen:
$$a^2 = b^2 + c^2 - 2\,bc \cdot \cos \alpha.$$
In dieser Gleichung ist nur cos α unbekannt, du kannst sie nach cos α hin
auflösen und dann über $\boxed{\text{INV}}$ $\boxed{\text{COS}}$ den Winkel α berechnen.

**Übung 7**
Überprüfe wie oben, ob in der gegebenen Situation auch die Winkel β und γ mit
Hilfe des Kosinussatzes direkt berechnet werden können.

> Im Fall *SSS* kannst du mit dem *Kosinussatz* jeden Winkel direkt berechnen.

*Anmerkung:* Auch im Fall SSW ist der Kosinussatz direkt anwendbar. Da in
diesem Fall aber ein Paar gegenüberliegender Größen gegeben ist, kannst du
auch den Sinussatz anwenden. Benutze ihn, denn seine Anwendung ist in diesem
Falle deutlich einfacher (→ Seite 103).

**Beispiel:** Anwendung des Kosinussatzes im Fall SWS

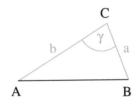

Im Dreieck ABC sind gegeben:
a = 5,2 cm, b = 3,9 cm, γ = 70°.
Berechne die unbekannten Größen.

Situation: a und b schließen γ ein (SWS); kein Paar gegenüberliegender Größen
ist gegeben.

1. Berechnung von c mit dem *Kosinussatz*:
$$c^2 = a^2 + b^2 - 2\,ab \cdot \cos \gamma$$
$$c^2 = 5{,}2^2 + 3{,}9^2 - 2 \cdot 5{,}2 \cdot 3{,}9 \cdot \cos 70° = 28{,}3776\ldots$$
$$c = \pm\, 5{,}33 \quad \text{(gerundet)}$$
Der negative Wert kommt als Streckenlänge nicht in Frage. Die Strecke c ist
5,33 cm lang.

**2.** Berechnung von $\alpha$:

**a)** mit dem *Sinussatz*

Paar $(c, \gamma)$ und $a$ bekannt

$$\frac{\sin \alpha}{a} = \frac{\sin \gamma}{c} \quad \text{liefert}$$

$\alpha_1 = 66,5°$ und $\alpha_2 = 113,5°$.
Nur $\alpha_1 = 66,5°$ ist Lösung.

**b)** mit dem *Kosinussatz*

$$a^2 = b^2 + c^2 - 2bc \cdot \cos \alpha$$

$$2bc \cdot \cos \alpha = b^2 + c^2 - a^2 \quad |:(2bc)$$

$$\cos \alpha = \frac{b^2 + c^2 - a^2}{2bc}$$

$$= \frac{3,9^2 + 5,33^2 - 5,2^2}{2 \cdot 3,9 \cdot 5,33}$$

$$= 0,39\ldots$$

Der Taschenrechner liefert:
$$\alpha = 66,5°$$

Der Winkel $\alpha$ beträgt 66,5°.

*Anmerkung:* Achte bei der Eingabe in den Taschenrechner auf die Tastenfolge.

b $\boxed{x^2}$ $\boxed{+}$ c $\boxed{x^2}$ $\boxed{-}$ a $\boxed{x^2}$ $\boxed{=}$ $\boxed{\div}$ 2 $\boxed{\div}$ b $\boxed{\div}$ c $\boxed{=}$
oder
$\boxed{(}$ b $\boxed{x^2}$ $\boxed{+}$ c $\boxed{x^2}$ $\boxed{-}$ a $\boxed{x^2}$ $\boxed{)}$ $\boxed{\div}$ $\boxed{(}$ 2 $\boxed{\times}$ b $\boxed{\times}$ c $\boxed{)}$ $\boxed{=}$

Bei der Anwendung des Kosinussatzes ist die Eingabe in den Taschenrechner komplizierter (Fehlerquelle!). Bei der Anwendung des Sinussatzes mußt du überprüfen, welcher der ermittelten Winkel als Lösung in Frage kommt.

**3.** Berechnung von $\beta$ mit dem *Innenwinkelsatz*:
$$\beta = 43,5°$$
Der Winkel $\beta$ beträgt 43,5°.

**Übung 8**
Berechne die unbekannten Größen aus dem Beispiel auf Seite 108 (Situation SWS).

**Beispiel:** Anwendung des Kosinussatzes im Fall SSS

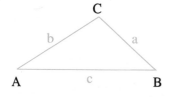

Im Dreieck ABC sind gegeben:
$a = 5$ cm, $b = 4$ cm, $c = 2$ cm.
Berechne die unbekannten Größen.

Situation: SSS; kein Paar gegenüberliegender Größen ist bekannt.

**1.** Berechnung von $\alpha$ mit dem *Kosinussatz*:

$$a^2 = b^2 + c^2 - 2bc \cdot \cos \alpha$$

Diese Gleichung muß nach $\cos \alpha$ hin aufgelöst werden.

$$2bc \cdot \cos \alpha = b^2 + c^2 - a^2 \quad | : (2bc)$$

$$\cos \alpha = \frac{b^2 + c^2 - a^2}{2bc} = \frac{4^2 + 2^2 - 5^2}{2 \cdot 4 \cdot 2} = -0{,}3125$$

Mit $\boxed{\text{INV}}$ $\boxed{\text{COS}}$ erhält man: $\alpha = 108{,}2°$.
Der Winkel $\alpha$ beträgt $108{,}2°$.

**2.** Berechnung von $\beta$

**a)** mit dem *Sinussatz*:

$$\frac{\sin \beta}{b} = \frac{\sin \gamma}{c}$$

$$\frac{\sin \beta}{4} = \frac{\sin 108{,}2°}{5} \quad | \cdot 4$$

$$\sin \beta = \frac{4 \cdot \sin 108{,}2°}{5}$$

$$= 0{,}7599776\ldots$$

Der Taschenrechner liefert:

$\beta_1 = 49{,}5°$
$\beta_1 + \gamma < 180°$
$\beta_1$ ist Lösung.
$\beta_2 = 180° - \beta_1 = 130{,}5°$
$\alpha + \beta_2 > 180°$
$\beta_2$ entfällt als Lösung.

Der Winkel $\beta$ beträgt $49{,}5°$.

**b)** mit dem *Kosinussatz*:

$$b^2 = a^2 + c^2 - 2ac \cdot \cos \beta$$

$$2ac \cdot \cos \beta = a^2 + c^2 - b^2 \quad | : (2ac)$$

$$\cos \beta = \frac{a^2 + c^2 - b^2}{2ac}$$

$$= \frac{25 + 4 - 16}{2 \cdot 5 \cdot 2} = 0{,}65$$

$$\beta = 49{,}5°$$

**3.** Berechnung von $\gamma$ mit dem *Innenwinkelsatz*:

$$108{,}2° + 49{,}5° + \gamma = 180°$$

$$\gamma = 22{,}3°$$

Der Winkel $\gamma$ beträgt $22{,}3°$.

**Übung 9**
Berechne die unbekannten Größen aus dem Beispiel auf Seite 109 (Situation SSS).

In der folgenden Übersicht findest du die Lösungswege, die dir aus den Beispielen und Übungen nun bekannt sind, noch einmal zusammengestellt.

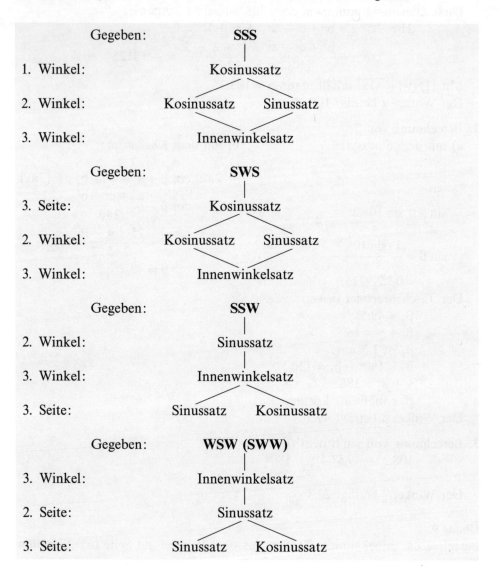

| Gegeben: | **SSS** | |
|---|---|---|
| 1. Winkel: | Kosinussatz | |
| 2. Winkel: | Kosinussatz | Sinussatz |
| 3. Winkel: | Innenwinkelsatz | |

| Gegeben: | **SWS** | |
|---|---|---|
| 3. Seite: | Kosinussatz | |
| 2. Winkel: | Kosinussatz | Sinussatz |
| 3. Winkel: | Innenwinkelsatz | |

| Gegeben: | **SSW** | |
|---|---|---|
| 2. Winkel: | Sinussatz | |
| 3. Winkel: | Innenwinkelsatz | |
| 3. Seite: | Sinussatz | Kosinussatz |

| Gegeben: | **WSW (SWW)** | |
|---|---|---|
| 3. Winkel: | Innenwinkelsatz | |
| 2. Seite: | Sinussatz | |
| 3. Seite: | Sinussatz | Kosinussatz |

## 8.3 Anwendungen von Sinus- und Kosinussatz

Mit Hilfe des Sinussatzes und des Kosinussatzes können zahlreiche Anwendungsprobleme gelöst werden, insbesondere bei der Landvermessung lassen sich unzugängliche Größen berechnen.

**Beispiel:** Berechnungen an Dreiecken mit Hilfe des Sinussatzes

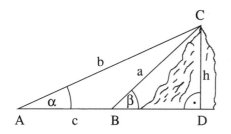

Die Höhe h eines Berges über der Horizontalebene soll bestimmt werden. Dazu wird in der Ebene eine 300 m lange Standlinie $c = \overline{AB}$ abgesteckt und die Bergspitze mit den Höhenwinkeln $\alpha = 19°$ und $\beta = 25°$ angepeilt.

Um die Höhe h zu berechnen, suchst du zunächst ein Dreieck, in dem h vorkommt. Du stellst fest: h ist im rechtwinkligen Dreieck ADC Gk $\alpha$, im rechtwinkligen Dreieck BDC Gk $\beta$.

Um h berechnen zu können, mußt du (wenigstens) eine Seite dieser beiden Dreiecke kennen.

Dir ist aber nur die Seite c im Dreieck ABC bekannt. In diesem Dreieck kannst du die Seite b (die auch im Dreieck ADC vorkommt) oder die Seite a (die auch im Dreieck BDC vorkommt) berechnen.

Hier wird nun h mit Hilfe der Seite b berechnet.

● **Berechnung der Seite b im Dreieck ABC**

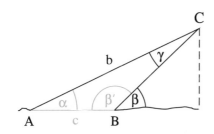

Im Dreieck ABC sind gegeben:
$c = 300$ m,
$\alpha = 19°$,
$\beta' = 180° - \beta = 180 - 25° = 155°$.

Situation: WSW

**1.** Berechnung von $\gamma$ mit dem Innenwinkelsatz:
$$19° + 155° + \gamma = 180°$$
$$\gamma = 6°$$
Der Winkel $\gamma$ ist 6° groß.

**2.** Berechnung von b mit dem Sinussatz: Das Paar (c, γ) und β′ sind bekannt.

$$\frac{b}{\sin \beta'} = \frac{c}{\sin \gamma}$$

$$\frac{b}{\sin 155°} = \frac{300}{\sin 6°} \quad | \cdot \sin 155°$$

$$b = \frac{300 \cdot \sin 155°}{\sin 6°} = 1212{,}93$$

Die Seite b ist 1212,93 m lang.

● **Berechnung von h im Dreieck ADC**

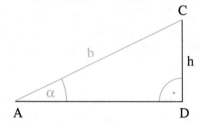

△ADC rechtwinklig
Gegeben:
δ = 90°,
α = 19°,
b = 1212,93 m.

Situation:     δ = 90°, b ist Hyp.

Berechnung: h ist Gk α.

$$\sin \alpha = \frac{h}{b}$$

$$\sin 19° = \frac{h}{1212{,}93} \quad | \cdot 1212{,}93$$

$$h = 1212{,}93 \cdot \sin 19° = 394{,}89$$

Antwort:     Die Spitze des Berges liegt rund 395 m über der Ebene.

**Übung 10**
Berechne die Berghöhe h über die Seite $\overline{BC} = a$ im Dreieck BDC.

**Beispiel:** Berechnungen an Dreiecken mit Hilfe des Sinussatzes

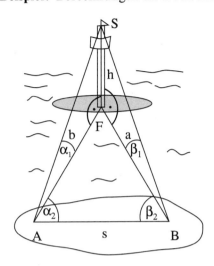

Um die Höhe h = $\overline{SF}$ eines Leuchtturmes auf einer Insel zu bestimmen, wird auf dem Festland am Strand eine 300 m lange Standlinie s = $\overline{AB}$ abgesteckt. Man mißt in ihren Eckpunkten die Spitze S mit dem Höhenwinkel $\alpha_1 = 14,5°$ und $\beta_1 = 15,2°$. In der Horizontalebene mißt man von A und B aus den Fußpunkt F mit den Winkeln $\alpha_2 = 69,5°$ und $\beta_2 = 79,9°$.

Die gesuchte Größe h = $\overline{SF}$ ist
— im rechtwinkligen Dreieck AFS Gegenkathete von $\alpha_1$,
— im rechtwinkligen Dreieck FBS Gegenkathete von $\beta_1$.
Um h berechnen zu können, mußt du in diesen Dreiecken (wenigstens) eine Seite kennen.

Dir ist aber nur die Seite s im Dreieck ABF bekannt. In diesem Dreieck kannst du die Seite b (die auch im Dreieck AFS vorkommt) oder die Seite a (die auch im Dreieck FBS vorkommt) berechnen.
Hier wird nun h mit Hilfe der Seite a berechnet.

● **Berechnung der Seite a im Dreieck ABF**

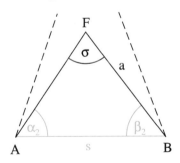

Im Dreieck ABF sind gegeben:
s  = 300 m,
$\alpha_2 = 69,5°$,
$\beta_2 = 79,9°$.

Situation: WSW

**1.** Berechnung von $\sigma$ mit dem Innenwinkelsatz:
$$69,5° + 79,9° + \sigma = 180°$$
$$\sigma = 30,6°$$
Der Winkel $\sigma$ ist 30,6° groß.

**2.** Berechnung von a mit dem Sinussatz: Das Paar (s, σ) und $\alpha_2$ sind bekannt.

$$\frac{a}{\sin \alpha_2} = \frac{s}{\sin \sigma}$$

$$\frac{a}{\sin 69,5°} = \frac{300}{\sin 30,6°} \quad | \cdot \sin 69,5°$$

$$a = \frac{300 \cdot \sin 69,5°}{\sin 30,6°} = 552,02$$

Die Seite a ist 552,02 m lang.

● **Berechnung von h im Dreieck FBS**

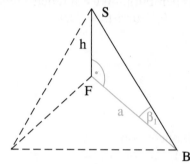

$\triangle$FBS rechtwinklig
Gegeben:
$\varphi = 90°$,
$\beta_1 = 15,2°$,
$a = 552,02$ m.

Situation: $\varphi = 90°$, a ist Ak $\beta_1$.

Berechnung: h ist Gk $\beta_1$.

$$\tan \beta_1 = \frac{h}{a}$$

$$\tan 15,2° = \frac{h}{552,02} \quad | \cdot 552,02$$

$$h = 552,02 \cdot \tan 15,2° = 149,98$$

Der Leuchtturm ist rund 150 m hoch.

**Übung 11**
Berechne die Höhe des Leuchtturmes über die Seite b = $\overline{AF}$ im Dreieck AFS.

**Beispiel:** Berechnungen an Dreiecken mit Hilfe von Sinus- und Kosinussatz (Vorwärtseinschneiden)

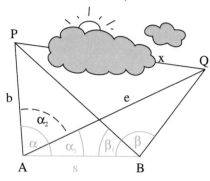

Es soll die Entfernung zweier Punkte P und Q bestimmt werden, die durch ein Hindernis getrennt sind. Dazu peilt man von den Endpunkten der Standlinie $s = \overline{AB}$ die beiden Punkte P und Q an. Es gilt:

$s = 200$ m,
$\alpha = 103°$, $\quad \alpha_1 = 44°$,
$\beta = 121°$, $\quad \beta_1 = 65°$.

Die gesuchte Größe $x = \overline{PQ}$ ist
— Seite im Dreieck AQP und
— Seite im Dreieck PBQ.
Um x berechnen zu können, mußt du in diesen Dreiecken (wenigstens) eine Seite kennen.

Im folgenden wird der Rechnung das Dreieck AQP zugrundegelegt. In diesem Dreieck ist dir nur der eine Winkel $\alpha_2 = \alpha - \alpha_1$ bekannt. Da du keinen weiteren Winkel berechnen kannst, mußt du zur Berechnung von x die beiden Seiten $b = \overline{AP}$ und $e = \overline{AQ}$ ermitteln.
Gegeben ist nur die Seite $s = \overline{AB}$. Die Seite b berechnest du daher im Dreieck ABP (in dem auch s vorkommt), e berechnest du im Dreieck ABQ (in dem auch s vorkommt).

● **Berechnung der Seite b im Dreieck ABP**

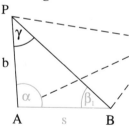

Im Dreieck ABP sind gegeben:
$s = 200$ m,
$\alpha = 103°$,
$\beta_1 = 65°$.

Situation: WSW

**1.** Berechnung von $\gamma$ mit dem Innenwinkelsatz:
$$103° + 65° + \gamma = 180°$$
$$\gamma = 12°$$
Der Winkel $\gamma$ ist 12° groß.

**2.** Berechnung von b mit dem Sinussatz: Das Paar (s, $\gamma$) und $\beta_1$ sind bekannt.
$$\frac{b}{\sin \beta_1} = \frac{s}{\sin \gamma} \qquad b = 871,82$$
Die Seite b ist 871,82 m lang.

## • Berechnung der Seite e im Dreieck ABQ

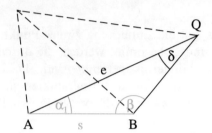

Im Dreieck ABQ sind gegeben:
$s = 200\,\text{m}$,
$\alpha_1 = 44°$,
$\beta = 121°$.

Situation: WSW

**1.** Berechnung von $\delta$ mit dem Innenwinkelsatz:
$$44° + 121° + \delta = 180°$$
$$\delta = 15°$$
Der Winkel $\delta$ ist 15° groß.

**2.** Berechnung von e mit dem Sinussatz: Das Paar $(s, \delta)$ und $\beta$ sind bekannt.
$$\frac{e}{\sin \beta} = \frac{s}{\sin \delta}$$
$$e = 662{,}37$$
Die Seite e ist 662,37 m lang.

## • Berechnung der Seite x im Dreieck AQP

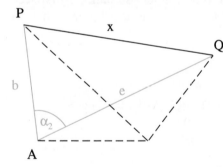

Im Dreieck AQP sind gegeben:
$\alpha_2 = \alpha - \alpha_1 = 103° - 44° = 59°$,
$b = 871{,}82\,\text{m}$,
$e = 662{,}37\,\text{m}$.

Situation: SWS

Berechnung der Seite x mit dem Kosinussatz:
$$x^2 = b^2 + e^2 - 2be \cdot \cos \alpha_2$$
$$x = 777{,}15$$

Die Punkte P und Q sind rund 777 m voneinander entfernt.

---

Bei Berechnungen zur Vermessung solltest du folgendes beachten:
**1.** Suche ein Dreieck, in dem die zu berechnende Größe vorkommt!
**2.** Unter Umständen mußt du Größen dieses Dreiecks erst noch über Hilfs-
dreiecke berechnen.

---

**Übung 12**

Um die Entfernung zweier Punkte R und S, die durch einen Berg getrennt sind und durch einen Tunnel verbunden werden sollen, zu bestimmen, peilt man von den Endpunkten der Standlinie $\overline{AB} = 100$ m die beiden Punkte R und S an.
Vom Punkt A wird der Punkt R unter einem Winkel von 110° und der Punkt S unter einem Winkel von 40° angepeilt.
Vom Punkt B wird der Punkt R unter einem Winkel von 60° und der Punkt S unter einem Winkel von 120° angepeilt.
Wie lang wird der Tunnel?

## Test 5

### Sinus- und Kosinussatz

Diesen Test solltest du wieder ohne Unterbrechung bearbeiten und dafür nicht länger als 45 Minuten benötigen.

Viel Erfolg!

**Aufgabe 1**
Gibt es ein Dreieck mit folgenden Maßen? Begründe deine Antwort.
a) a = 4 cm     β = 95°     γ = 107°
b) a = 6 cm     b = 11 cm   c = 4 cm
c) a = 5 cm     c = 5,7 cm   α = 95°

**Aufgabe 2**
Im Dreieck ABC sind gegeben:
a) a = 5,4 cm   α = 61,8°   β = 47,2°
b) b = 5 cm     c = 4 cm    γ = 43°
c) a = 5 cm     b = 4 cm    c = 6 cm
d) a = 5,2 cm   b = 4 cm    γ = 100°
Fertige jeweils eine Skizze an, beschreibe die Situation und berechne die fehlenden Seiten und Winkel.